어디에나 우리가 1

어디에나 우리가 1

삶의 터전으로 지리산을 선택한 스물다섯 명의 이야기

이승현 인터뷰집

윤주옥
푸른
종혁
옥수수
따개비
최성훈
누리
최지한
김현하
김주희
김지훈
동근
상글

차례

KIA

prologue

"언제 돌아올 거야?"

지역살이를 선택한 후로 가족이나 지인들에게 종종 듣는 말이다. 시골은 내가 원해서 왔다는 말에도 그들은 나를 '언젠가 돌아올 사람'처럼 대했다. 나를 둘러싼 세계는 이렇게나 다양해졌는데, 세상은 도시가 아니면 안 될 것처럼 더욱 크게 떠들었다. '정상'이라는 타이틀은 직장 생활을 하거나 더 많은 돈을 벌기 위해 노력하는 사람에게만 주어지는 것이었고, 시골에서의 삶은 변방의 것 혹은 놀림거리로만 남았다. 그러니까 이 삶을 더 증명하고 싶어졌다. 이 삶도 충분히 행복하고 좋다고, 세상엔 나 같은 사람들도 있다고.

〈어디에나 우리가〉에는 삶의 터전으로 지리산권경남 산청군, 경남 하동군, 경남 함양군, 전남 구례군, 전북 남원시을 선택한 스물다섯 명의 이야기를 실었다. 인터뷰 대상으로는 지리산권의 20대부터 50대까지, 다양한 연령, 성별, 지역과 가치관을 담으려 노력했고, 한 가지 직업으로는 불릴 수 없는 이들의 삶이 도시의 그것과 어떻게 같고, 또 어떻게 다른지, 왜 그들은 지역의 삶을 선택했는지, 그들은 어떤 고민으로 살아가는지 전달하려 노력했다. 무엇보다 우리에게 같은 삶의 방식만이 있는 것이 아님을, 주변에 이렇게나 다양한 삶의 형태가 있다는 걸 알리고 싶었다.

시골과 도시의 삶에 대해 산청의 푸른님은 "스스로 잘 살고 있다고 표현하는 게 양심에 걸리지 않는다"라고 했고, 구례의 옥수수님은 "도시로 향하는 이들이 열망하는 것들 속엔 아름답고 소중한 무엇도 섞여 있을 것"이라고 말했다. 또 하동의 최지한님은 "우리는 상호관계를 맺고 있으니 도시와 시골을 구분하는 것은 어쩌면 미안한 일"이라고도 했다. 그러고 보니 정작 도시와 시골의 삶을 구분 짓고 있는 것은 나라는 것을 깨달았다. 이 인터뷰집은 나의 배움의 기록이기도 하다.

좋은 인터뷰어가 되고 싶다고 생각한 적이 있었다. 모든 이의 삶에는 배움이 있다고 믿었으니까. 과거의 인터뷰 경험에서 강원도에 사는 어느 할아버지는 "매일매일 남은 날을 어떻게 살지 계획하는 것이 삶의 기쁨"이라고 했고, 수십 년간 요양보호사로 일했던 한 아주머니는 "어제까지 즐겁게 이야기 나눴던 사람이 한 순간에 세상을 떠나는 걸 보면서, 평생 내 것을 나누는 삶을 살겠다"라고 다짐했다. '평범'하거나 '일반'적이라 불리는 삶 이면에는 배움 없는 이야기란 없었다. 나는 그 소중한 이야기를 잘 이끌어낼 수 있는 인터뷰어가 되고 싶었다.

〈어디에나 우리가〉에 나오는 스물다섯 가지의 이야기도 모두 평범하고 소중하다. 나로 인해 이야기가 희석되거나 변질되지 않도록 조심조심 다루느라 애를 썼다. 그러다 거대한 삶의 이야기가 가진 무게를 이기지 못해 자주 비틀거렸는데, 스스로를 성실한 렌즈나 필터로 생각한 뒤 조금은 괜찮아졌다.

책을 만들어본 경험이 없어 더 노력하는 인터뷰어, 편집자가 되어야만 했다. 인터뷰이의 시간을 너무 많이 뺏지 않기 위해 준비과정에서 꼼꼼히 정보를 조사하고, 진행 시에는 내 이야기를 최소한으로 줄이면서 전달자의 입장으로 만나려 노력했다. 사진 퀄리티가 부족하면 다시 약속을 잡아 촬영했고, 유튜브와 강의로 책 편집을 공부했다. 좋은 인터뷰어는 '잘 듣는 사람'이었고, 좋은 편집자는 '오래 앉아 있는 사람'이라는 것을 알게 됐다.

〈어디에나 우리가〉는 아름다운재단의 지원으로 희망제작소와 지리산마을교육공동체가 3년간 함께 해온 '내일상상프로젝트' 사업의 일환으로 제작되었다. 이것이 단순히 사업의 결과물로 휘발되지 않고 한 사람이라도 힌트를 얻을 수 있는 자료가 되도록 독립출판 형태의 인터뷰집으로 다듬었다. 스물다섯 명이나 되는 이의 이야기를 다루다 보니 분량이 늘어나 두 권의 책이 되었다. 매일 팔을 뻗어도 손끝에 닿는 것이 없을 때 한 편씩 꺼내볼 수 있는 이야기가 되면 좋겠다.

책이 세상에 나올 수 있도록 지원해주신 아름다운재단과 거대한 일을 욕심내서 진행함에도 끝까지 기다려 주시며 지지와 응원을 보내주신 지리산마을교육공동체 사회적협동조합 식구들과 희망제작소 손혜진, 이시원 연구원, 프로젝트를 함께 해준 김한라, 안류현, 이유나, 장보석에게 무한한 사랑과 감사를 드린다. 무엇보다도 미숙한 인터뷰어에게 삶을 오롯이 나눠주신 스물다섯 명의 빛나는 날들에 앞으로도 함께 하며 응원을 보내고 싶다.

적게는 한 시간, 많게는 두 시간 남짓의 인터뷰가 그 사람의 전부는 아닐 것이다. 인터뷰이의 삶은 지금 이 순간에도 인터뷰를 진행했던 2021년 하반기로부터 나날이 멀어지는 중이다.

다만 〈어디에나 우리가〉를 통해 동시대를 살아가는 '사람'이, 혹은 그의 한마디 말이라도 당신에게 가닿기를 바란다. 모두가 삶의 전환이 필요하지는 않지만, 우리 사회 어딘가에는 이러한 메시지가 필요한 사람이 있다고 믿으며 책을 다듬었다. 이 책을 통해 익숙한 시스템에서 한발 물러서는 용기가, 새로운 세계로 초대하는 우리의 메시지가 당신에게 전해지면 좋겠다. 당신이 향하는 그 어디에나 우리가 있을 것이다.

2022년 1월

이승현

윤주옥

© 나종민

자연과 내가 함께 호흡하기로

“

자연을 지킨다는 것은
내가 사랑하는 어떤 나무를 보고
계절이 바뀔 때마다
그 나무가 잘 있는지 궁금해서
찾아가는 것이라고 생각해요.

”

© 나종민

자연과 내가 함께 호흡하기로

윤주옥(구례)

송현, 보석

안녕하세요. 주옥님! 먼저 구례에 내려온 이야기가 궁금하네요. 어떻게 구례에 내려오게 되셨나요?

윤주옥 제가 구례에 온 게 14년쯤 됐더라고요. 지리산이 좋아서 온 것도 있지만, 경제적인 이유로 더 이상 서울에서 살 수 없는 상황이었어요. 저와 남편 둘 다 계속 활동을 했었기 때문에 가진 돈이 없었고요. 여러 고민을 하다가 주변에 귀농한 사람들이 "그렇게 도시 빈민처럼 살지 말고, 여기선 먹을 건 해결이 되니까 일단 내려와라" 하더라고요.

남편 고향이 전라남도여서 지리산자락 전라남도 구례로 가보자 해서 왔어요. 그때 구례에 살고 있던 지인들이 전세를 구해줬죠. 처음엔 그 집이 참 아름다운 곳에 있다고 생각했는데, 2020년에 섬진강 수해 났던 바로 그곳이었어요. 그러고 나니 거기가 사람이 살 땅은 아니었구나, 생각이 들더라고요. 그렇게 구례에서의 삶이 시작되었어요.

가족이 모두 내려오게 된 거예요?

제 가족은 저와 남편, 딸아이 하나, 이렇게 3명인데, 딸아이는 그때 서울에서 2년제 대안학교를 다니고 있었어요. 저희는 11월 20일에 내려왔는데 딸아이는 학교 졸업은 하고 싶다고 해서, 학교 선생님 댁에서 머물다가 12월 말에 내려왔죠.

특히 구례가 좋았던 점이 있었나요?

저는 지리산을 그렇게 많이 왔는데도 항상 일 때문이었어요. 내려오면 사람들 만나 프로그램하고 답사하고 서울로 돌아가는 일정이었죠. 지리산에 살기 시작해서 감동한 것 중 하나는 섬진강이었어요. 남편이 강을 좋아해서 남편과 함께 2019년 3월에 섬진강을 걷고 차량 답사를 했는데요. 3월에 진안을 시작으로 내려오면서 강이 너무 아름답다고 느꼈어요. 강의 초록이 거의 신비에 가깝더라고요. 저는 주로 산의 아름다운 장소나 개발된 자연을 봤는데 강을 보면서 이 아름다움에 내가 미칠 수도 있겠구나, 이런 생각까지 했다니까요.

그 신비를 온전히 느낄 수 있다는 건 주옥님이 그만큼 열려있다는 거겠죠? (웃음) 삶터를 지역으로 하고 변화된 점이 있나요?

제 딸아이가 서울에서 연극을 하고 싶다고 했거든요. 그 꿈을 가지고 내려와서 이제 뭘 해야 할까 고민하던 때였어요. 그런데 어느 날부터 아이가 오후 다섯, 여섯 시만 되면 사라지는 거예요. '애가 이상하다' 생각하던 와중에 아이가 우리를 옥상으로 초대했어요. 가보니 버려진 합판에다 집에서 보이는 지리산 풍경을 그려놨더라고요. 그 집에서 보면 지리산이 쫙 펼쳐졌었거든요. 알고 보니 저녁마다 옥상에 가서 그걸 그린 거죠. 어릴 때 아이가 미술하고 싶다고 해서 동네에 있는 작은 화실을 다니긴 했지만 그림에 손을 놓고 지냈었거든요. 그런데 구례에 내려와서 지리산과 섬진강, 들판을 보면서 그림을 다시 그려보고 싶다는 생각이 들었다는 거예요. 자연을 보는 눈이 생겼던 것 같아요. 구례로 내려온 게 제 삶을 완전히 바꾼 건 아니지만 아이 삶을 바꾼 건 확실하죠. 저도 남편도 내려온 것에 대해서 정말 너무 잘했다고 생각했어요.

그런데 반전이 있어요. (웃음) 구례로 내려온 지 1년이 되고 가족끼리 지난 1년을 되돌아보자고 했어요. 당연히 너무 좋은 평가가 나올 줄 알았는데 딸아이는 내려올 때 너무 싫었다면서 울더라고요. 왜냐면 친구들은 다 서울에 있고, 전혀 모르는 곳에 가는 게 싫었는데 본인이 아무리 반대해도 부모는 갈 것이고… 거기에 반대해서 분란을 일으키고 싶지 않았다고 얘길 하는 거예요.

그때 '어른이란 어떤 존재일까?'라는 생각이 들었어요. 아이들, 청소년을 배려한다는 건 어디까지나 어른들의 범위 안에서겠구나, 라고 생각하게 된 거죠. 우리는 아이의 의견을 충분히 들어서 내려왔다고 생각했는데 그게 아니었단 걸 알았어요. 그래서 그 후부터는 특히 청년이나 학생, 아이들을 만날 때 그 부분을 조심하는 편이에요. '어떻게 나의 의견을 강요하지 않고 상대방에게 본인이 가진 생각을 자유롭게 얘기할 수 있도록 할지' 이런 걸 많이 고민하죠. 자식을 통해서 그걸 구체적으로 느끼게 됐어요.

제가 듣기론 '지리산방랑단[1]'에게 무척이나 잘해주셨다고 들었는데요.

지리산방랑단 친구들을 만나기 전에 그들이 페미니스트라는 걸 알고 있었는데 솔직히 어떻게 말해야 할지 모르겠는 거예요. 내가 한마디 던지면 그게 상처가 될까 부담스러웠죠. 그래서 딸아이한테 그 얘기를 했더니 "엄마, 세상은 굉장히 냉정해서 그분들은 엄마가 그런 고민을 한다는 걸 아는 순간 벽이 허물어질 거야" 하더라고요. 왜냐면 세상 사람들은 그런 지향을 가진 사람들 자체를 받아들이기 어려워하니 엄마의 마음이 전달만 되면 그 사람들과 가까워질 수 있다고요. 그래서 솔직하게 지리산방랑단 친구들에게

---

1 난개발로 점점 숲을 잃어가는 지리산. 사라지는 숲에는 삶의 터전을 위협받는 생명들도 있다. 이들의 이야기를 채집하러 떠난 다섯 청년과 진돗개 봄이의 무전방랑여행기이다. 2021년 4월부터 7월까지 4개월간 지리산 한 바퀴를 돌며 사라져가는 지리산의 것들을 기록했다.
*출처: 상글

그 이야기를 그대로 했죠. 결과는 아주 좋았어요.

지금 얘기하니까 서울에 있는 딸아이 생각이 나네요. 평소에는 거의 잊고 살아요. 내가 다른 부모랑 다르게 냉정한 거지… 생각해 보면 얘가 있다는 생각을 계속하는 게 아니라 무슨 일이 있을 때만 생각이 나는 거예요. 그러면 '맞아, 내가 결이를 무척 사랑하지' 이랬다가 또 잊어버리고… 그래서 지금은 오히려 가까이서 활동하는 아이들이 내 자식이나 다름없다고 생각해요. 지리산방랑단이 활동하는 4개월 동안 그들을 침해하지 않는 선에서 내가 할 수 있는 일이 무엇인지에 대해서 생각했어요. 잘했는지는 모르겠지만 저는 우리 지역에 있는 아이들, 청년들을 내 아들딸로 생각하고 싶어요.

타인에게 애정을 쏟는 건 쉬운 일이 아니잖아요. 그들과 가까워지고 싶었던 이유가 있어요?

'지리산게더링[2]'을 통해서 지역에 있는 청소년, 청년들을 만났고 또 다른 방식으로 지리산방랑단도 만났어요. 그들이 요즘 나에게 활력이 되고 있어요. 희망을 보는 것 같아요. 지리산은 지금

---

2 생태적 삶의 방식을 모색하는 이들을 위한 게더링Gathering. 지구의 모든 존재가 연결되어 서로를 해방하는 모습을 꿈꾸는 이들이 모인다. 지리산 자연 속에서 순환 가능하며 누구나 환대받을 수 있는 자유롭고 평등한 공유지의 복원을 지향한다. 자연뿐만 아니라 나 자신과 새롭게 관계 맺으며, 기후위기 시대의 전환을 상상하고 실천하고자 고민하고 있다.
*출처: 지리산게더링 인스타그램 @jirisan_gathering

까지 우리가 열심히 지켜왔지만, 한편으로는 다른 방식의 운동이 우리에게 오고 있으니 우리 자리를 비워줘야 할 때라고 생각해요. 그러면 또 다른 운동이 이 안으로 들어오는 거죠.

환경운동을 오랫동안 해오셨죠. 어떤 일을 해오셨어요?

지금은 국립공원 보존 운동을 하고 있어요. 대학교 다닐 땐 학생운동을 했고, 졸업하기 전엔 노동 운동을 했죠. 그러니까 아주 옛날 사람들이 걷는 그 운동의 코스를 걸었죠. 그러다가 몸이 너무 안 좋아져서 현장 활동은 정리했는데, 그 사실이 굉장한 피해 의식과 패배 의식을 주더라고요. '난 회피한 거야, 도망친 거야' 이런 마음이 심했어요. 노동 현장에서 일하는 사람들에게 창피하고 미안한 마음이 강했죠.

결혼한 이후에도 그때 몸 상태로는 현장으로 다시 돌아가기 어려웠어요. 그러면 무슨 운동을 하면서 살까, 고민하다 생각한 것이 소비자 운동과 환경 운동이었고, 두 가지 모두 봉사 활동으로 시작했어요. 그때 한 환경단체에서 주관한 시민강좌를 들었는데, 핵 문제, 산림·생태에 대한 문제, 쓰레기 문제 등을 다뤘던 것으로 기억해요. 그 강좌들이 저에게 너무 강렬하게 다가왔어요. 그전에는 이 세상에서 해야 할 운동은 노동 운동밖에 없다는 생각에 빠져 있었거든요. 근데 그 강의를 듣고 내가 앞으로 운동을 한다면 숲과 자연을 보존하는 일을 해야겠다고 생각했을 정도였어요.

그러던 차에 몸이 좋아졌고, 아는 후배로부터 제안이 온 거죠. 그때 강의를 했던 교수님이 단체를 하나 만드는 데 와서 일해 보지 않겠냐고요. 내가 해보고 싶은 일을 할 수 있다고 생각하니까 너무 가슴이 뛰었어요. 그래서 무조건 좋다 하고 시작했어요.

그때가 서른세 살이었죠. 아이를 업고 다니면서 환경 운동을 시작했고 처음 했던 활동이 '북한산국립공원 관통 서울외곽순환고속도로 건설 반대운동(이하 북한산 관통도로 반대운동)'이었어요. 나무와 숲에 대해서 아무것도 몰랐지만, 그 일이 필요하다고 하니 그냥 뛰어든 거죠. 제 운동은 그 이후로 환경에서 산림과 생태로, 그리고 국립공원으로 범위가 좁아진 것 같아요.

그렇게 아무것도 모르다가 자연과 가까워진 계기가 있었나요?

서울에 있을 때는 '국립공원을 지켜야 한다'라는 사명감이 너무나 강했죠. '북한산 관통도로 반대운동'을 하면서 국립공원 관련된 워크숍을 기획했어요. 아무것도 모르면서 여기저기 전화해서 발제, 토론자 등을 섭외하고 일정을 잡는 업무를 맡은 거죠. 워크숍이 끝나고 같이 준비했던 교수님이 너무 고맙다면서 지리산을 보여주겠다고 하시더라고요. 중산리에서 천왕봉을 거쳐 노고단으로 내려가는 2박 3일 일정이었는데 그때가 첫 지리산 종주 산행이었어요. 첫날은 세석 대피소에서 자고 두 번째 날 노고단 대피소에서 숙박하기 위해서 쉼 없이 걸었는데 일행이 많다 보니 걸음이 늦어졌어요. 어둑어둑해질 때였는데, '돼지평전' 알아요? 노고단에서 동쪽으로 가면 있거든요. 거기서 쉬고 있는데 정말 '어둠'이라고 하는 게 저 멀리서, 멀리서 걸어오는 거예요. 완전 감동이었죠. '그렇구나. 어둠은 스위치를 끄면 오는 게 아니라 어디선가, 저 먼 곳으로부터 걸어오는 거구나'라는 걸 온몸으로 느낀 거예요. 그때 '도시에서는 도저히 볼 수 없는 이 장면이 있는, 지리산국립공원을 지키는 일에 내 남은 생을 보내도 아깝지 않겠다'하고 생각한 거예요. 그 순간에 결심한 것이나 다름없어요.

예전에도 산에는 갔지만, 그땐 산이 중심이 아니라 어떻게 해서든 노조를 만들고 사람을 조직하는 일이 중심이었거든요. 그게 국립공원인지 뭔지, 거기에 어떤 나무가 사는지도 몰랐어요. 산은 나에게 그저 대상이고 모든 관심이 사람에 있었죠. 그때 경험 이후로 먼저 자연을 잘 지켜야 하고, 그다음에 잘 지켜진 자연을 사람들한테 보여주고 싶어요. 그래야 사람들도 자연 안에서 감동받고, 그 감동으로 자연을 지켜나갈 테니까요.

자연이 주는 황홀감 같은 게 있는 것 같아요. 말씀처럼 그걸 더 많은 사람이 경험했으면 좋겠고요.

맞아요. 제 마음이 딱 그거였어요. 지리산을 선택한 것도 주민들과 함께 구체적인 현장에서 운동해 볼 욕심이 있었기 때문이에요. '나는 지역 주민들과 함께 현장을 지키는 사람이 되고 싶어'

이 마음이 굉장히 강했어요. 그런데 지리산으로 내려오자마자 케이블카 문제가 터지는 바람에 저는 지역 분들에게 케이블카를 반대하러 들어온 사람으로 찍힌 거죠. 어느 날 남편이 저에게 "사람들이 당신에 대해서 어떻게 생각하는지 알면 아마 놀랄 거야" 하더라고요. 그래도 괜찮았어요. 강원도 사람들은 멱살부터 잡거든요. (웃음) 그쪽 사람들은 "너!" "야!"가 먼저 나왔어요. 그러니까 본인들이 원하는 걸 반대하는 사람들에 대해 그만큼 분노가 많았던 거죠. 근데 구례에서는 이것을 직업으로 생각하고, 인정하는 태도로 저를 대해 주셨어요. 속마음은 모르지만요. 겉으로라도 그렇게 말씀해 주셨기 때문에 제가 너무 마음이 편했고… 실은 고맙더라고요. 그래서 구례 사람들에게 고마움이 있어요.

구례에선 말이 좀 통하던가요?

사람들을 만나면 두 마디 이상은 하기가 어려웠어요. (웃음) '케이블카 찬성하는 사람' 대 '반대하는 사람'으로 만나지 않고, 지리산을 같이 얘기해 보고 싶은데 어떻게 해야 할지 앞이 안 보이는 거예요.

그래서 지리산을 걸으면서 생각을 정리해 보고 싶더라고요. 2009년 초였어요. 지역에서 무엇을 할 수 있을지 고민하던 시기였죠. 처음에는 '국립공원을지키는시민의모임 지리산사람들' 운영위원들 대여섯 명과 함께 걷자고 했는데, 여러 사람의 의견을 듣는 과정에서 다른 사람들도 참여할 수 있는 프로그램으로 확대됐죠. 그게 2010년 2월부터 1년간 진행된 '지리산만인보'예요. 2주에 한 번 여러 사람이 지리산 둘레길을 함께 걷는 프로그램이었죠. 지리산도 걷고 마을 어르신들을 만나서 그분들의 이야기를 듣는 프로그램으로 기획했어요. 그땐 정말 지역 주민들을 만나고 싶었거든요.

그런데 '지리산만인보' 첫날에 150명이 넘게 온 거예요. 아마 그 시기는 모두가 혼란스러웠던 때 같아요. 또 지리산 둘레길이 시작될 때라 사람들 마음 안에 지리산에 대한 애틋함이 넘치던 시기였고요. 그렇게 여러 가지가 맞아떨어져서 사람들이 많이 참여했고, 자율적으로 십시일반 참가비를 내셨어요. 우리가 그때 내걸었던 슬로건이 '단순 소박한 삶'이었거든요. '어떻게 하면 우리의 삶을 단순하고 소박하게 가져갈 수 있을 것인가'라는 화두를 가지고 걸은 거예요. 처음에는 사람들이 일회용품을 마구 쓰고 타인에 대한 배려도 덜 했어요. 그런데 프로그램이 진행되면서 사람들 스스로 '우리 이런 거 하지 말자', '최소화하자'라는 이야기가 나왔고 마지막 날에는 정말 아무도 일회용품을 안 쓰게 되었죠.

또 좋았던 것 중 하나가 침묵하며 걷는 시간이었어요. 숲길을 걷다가 앞에 있는 사람이 '침묵'이라고 쓰인 종이쪽지를 들면 그때부터 사람들이 침묵하면서 숲을 걸었어요. 그게 너무 감동이었어요. 또 걷는 길에서 만나는 마을이 있으면 마을의 어르신이나 문화예술인들을 미리 초청해서 이야기 듣기도 하고요. 100퍼센트 자원봉사와 기부로 진행됐어요.

프로그램이 끝나면 한 30명 정도 무작위로 뽑아 후기를 들려 달라고 했는데 공통적으로 '침묵하며 걷는 게 좋았다', '마을 사람들의 이야기 듣는 것이 너무 행복했다', '일회용품 안 쓰는 거 너무 좋다'는 이야기를 하는 거예요. 일회용품 쓰지 않으면 불편한 거고, 침묵하는 것도 생뚱맞은데도 불구하고 이 모든 걸 같이하다 보니 긍정적으로 느끼셨나 봐요. 그렇게 1년을 준비하고 진행하면서 지역 공부를 한 거예요. 지역에서 활동하는 사람도 만나고요. 그래서 '나는 너무 운이 좋다, 내가 할 수 있어서 행복하다. 많은 사람이 이렇게도 함께 할 수 있구나' 생각했죠.

흐름을 따라가는 것만 해도 너무 재밌네요. 걷기 프로그램으로 마음의 치유가 됐을 것 같아요. 이후에는 지역 활동이 좀 수월해졌나요?

2013년부터는 지역에 들어가서 주민 인터뷰를 했어요. 처음엔 제가 만나자고 하면 "당신, 별로 만나고 싶지 않은데"라고 하셨어요. 왜냐면 제가 환경 운동을 했으니까요. 그래도 전화하고 찾아뵈면서 지리산에서 어떻게 사셨는지 궁금하다고 물어봤어요. 그 과정에서 어르신들하고 같이 손잡고 울기도 많이 울었어요. 제가 지리산 보존 운동을 하고 있지만 실은 이분들이 지금까지 지리산을 지켜온 것이구나, 생각하게 됐어요. 그분들은 여기서 태어나셨거나 1950~60년대에 이곳에 정착하신 분들이거든요. 대부분 인터뷰 마무리가 비슷해요. "지리산아, 너무 고맙다" 말씀하시는 거예요. 저도 그 생각을 많이 했거든요. '지리산아, 너무 고맙다.'

제가 정말 힘들고 어려울 때, 사람에게 크게 실망했을 때, 지리산이 언제나 제게 위로를 줬어요. 그 사람은 그 사람일 뿐인데 내가 사람에 대해서 너무 많은 걸 바랐다는 걸 알게 된 거죠. 정말 힘들 땐 속으로 '내가 사람에게 기대어 가면 안 돼. 나는 자연을 보고 가야 해'하고 되뇌었어요. 자연에서 한 자리에 서 있는 나무에게 배워야 한다는 마음을 먹으면서요. 제가 느꼈던 지리산이 주는 고마움을 그분들도 느끼고 계시더라고요.

이후에는 '곰깸축제'도 기획하셨죠. 이름이 너무 귀엽다고 생각했어요. 주옥님과 반달곰은 어떻게 연결됐나요?

국립공원 보전 운동을 하면서도 지역이 잘 살 수 있는 모델을 만들고 싶었어요. 그러다 반달가슴곰을 만났죠. 국립공원 연구원을 찾아가서 울타리 안에 있는 반달가슴곰의 눈을 봤는데, 까맣고 너무나 투명한데 호수처럼 깊더라고요. 그 눈을 보고 완전히 반달가슴곰에 빠져버린 거예요. 반달가슴곰의 눈에서 희망을 봤어요. 곰이 우리를 이어줄 것 같다는 느낌, 사람과 사람을, 자연과 사람을요.

그때부터 반달가슴곰에 대해 공부하다 보니, 지역 분들은 반달가슴곰을 엄청 싫어하는 거예요. 농사에 피해를 주니 당장 잡아가야 한다고 얘기했는데 이유를 들어보면 반달가슴곰 때문이 아니라 고라니나 멧돼지들에 의한 피해인 거죠. 그러면 '반달가슴곰'을 주제로 사람들을 만나보자고 해서 사람들을 찾아다녔고, 그분들과 함께할 수 있는 일을 도모한 게 하동 의신마을에서의 '곰깸축제'에요. 의신마을에는 '베어빌리지'가 있거든요. 처음 이 축제를 기획할 때 이장님께 '반달가슴곰이 겨울잠에서 깨어난 걸 축하하자' 하니 그걸 왜 축하하느냐고 그러시더라고요. (웃음) 마을 분들이 의아해하시면서도 저에 대한 작은 신뢰가 있어서, 의신마을은 제가 10년 넘게 다닌 곳이거든요. 네가 그렇게 하고 싶으면 한번 해보라고 허락해주셨어요.

1박 2일 산촌 스테이 방식으로 진행을 했는데, 마을 공동식당에서 부녀회가 식사를 준비해주시고, 의신마을 민박집과 행사 참가자들을 연결해줬어요. 또 쿠폰을 발행해서 마을의 농산물이나 먹거리를 살 수 있도록 하니 마을 주민들에게 수익이 돌아가더라고요. 그러니까 '곰깸축제'를 통해 현금으로 146만 원이 마을로 돌아간 거예요. 카드 결제는 빼고요. 그러니 마을 주민들도 고마워하고, 2019년까지 축제를 이어갈 수 있었어요. 2020년부터는 코로나로 멈춘 상태고요.

'곰깸축제'를 통해서 마을 사람과 기관, 자연보전활동가들이 함께 상생할 수 있는 구체적인 사례를 본 것 같다는 생각을 했어요. 프로그램을 위해 마을 주민이 일시적으로 동원되는 게 아니라 마을 주민이 프로그램의 주인이 되는 거죠. 한 가지 사례로 '곰깸축제'를 준비할 때 노인회관에 자주 머무시는 마을의 어머님들에게 중창단을 만들자고 했어요. 다리가 아파서 노인회관에 가는 것도 힘들어하시던 분들이라 싫어하실 거라 생각했는데, 그러자고 하시는 거예요. 노래 선생님과 한 달 넘게 연습해서 '곰깸축제'에서 율동하면서 공연하셨는데, 그때 정말 감동적이었어요. 아들, 딸, 사위, 며느리, 손자, 손녀 모두 너무 좋아하시는 거예요. 그러니까 조금 어설프고 서툴러도 마을 사람들이 주인이 되는 방식을 고민하고 애정을 쏟으면 변화할 수 있다는 게 제 생각이에요. 작년에는 '반달곰 마을학교'라는 걸 열어서 마을 분들과 함께 교육도 받았어요. 이런 활동이 처음에는 마을 단위지만 그다음에는 리 단위, 면 단위도 확대되도록 노력해야죠. 그러려면 시간도 많이 필요하고 활동가도 많아야겠죠.

지금 '곰깸축제'는 코로나로 멈춰 있지만, 저는 반달가슴곰을 통해 지리산과 인간이 어떻게 공존할 것인가를 꾸준히 고민하고 있어요. 사실 자연은, 지리산은 이미 공존할 준비가 되어있어요. 문제는 사람이죠. 그동안에는 아무 생각 없이 자연을 대했다면, 자연은 그냥 사용하면 되는 개발의 대상이었다면, 이제는 우리 인간이 자연과 함께 살기 위해서 어떤 노력이 필요한지 고민할 때예요. 고민하지 않았을 때의 결과가 지금 우리에게 '기후 위기'로

온 거잖아요. 제가 코로나19나 기후 위기에 대해서 휘황찬란하게 설명은 못 하지만, 조금 우회해서 현장의 방식으로 사람들에게 '자연과 같이 삽시다. 그렇지 않으면 우리 살기 힘들어요'라고 얘길 하거든요. 제 역할은 이런 거죠.

환경 활동도 다양한 스펙트럼이 있으니까요. 지리산의 자연과 인간이 오래도록 공존하려면 무엇이 더 필요할까요?

제가 아직은 건강하니까, 나에게 새로운 세계를 전해준 지리산이니까 지리산에 들어오는 개발 사업, 케이블카든 산악열차든 이거는 마지막까지 막아야 한다고 생각하고 있어요. 보존할 수 있는 것을 잘 보존하면 지리산에 대한 사람들의 인식이 바뀔 수 있어요. 지금은 관광지처럼 생각하지만, 이 운동을 통해서 국립공원은 '자연이 우선하는 공간'이라는 걸 느끼게 해주고 싶어요. 반달가슴곰이 지리산에 산다는 사실을 통해서 지리산이 갖는 신성함과 자연의 존엄성을 공유할 수 있다고 생각하는 거예요. 성삼재 주차장이나 정령치 주차장에 대해서 집중적으로 고민하는 것도 마찬가지 이유에요. 경유나 휘발유를 사용하는 모든 차가 올라가는 게 아니라 일정한 제한을 두고 그 조건에 동의하는 사람만 올라갈 수 있게 하면 달라질 수 있다고 생각해요.

앞으로의 고민, 그리고 해보고 싶은 일이 있으세요?

제 개인적으로는 아, 우리 아들딸들이 지리산에서, 지리산과 함께, 제발 지리산을 조금만 더 생각하고 살았으면 좋겠다는 마음이 있고요. 또 한 가지는, 제가 오늘은 신나게 이야기하고 있지만, 내일 또 어떤 상황이 일어날지 모르니 '나의 사라짐이 수선스럽지 않게, 조용하게 사라지는 방법이 뭐가 있을까?', '죽음을 조용하게 맞이하기 위해서 나는 지금 무엇을 해야 할까?', '돈 없이 살아갈 수 있을까?' 그런 것들을 고민해요.

요즘 구례에서 후배들과 '느긋한쌀빵'을 공동 운영하는 것도 제가 쌀빵을 만들고 싶었던 것보다는 사람들과 구체적으로 경제를 공유하는 일을 해보고 싶었어요. 지금은 단체에서 활동비를 받진 않거든요. 수익은 빵집에서 나오는 돈과 강의료, 원고료 등으로 해결하고 있어요. 제 꿈은 다른 일을 안 해도 빵집에서 지금만큼 일해서 생활비를 해결할 수 있으면 좋겠다는 거예요. 그러려면 내 소비를 줄여야 하고, 또 빵집이 잘 운영될 수 있도록 노력해야 하잖아요. 그리고 나만이 아니라 후배들도 빵집에서의 노동만으로 생활이 가능하면 좋겠다는 생각을 해요. 꿈같은 이야기일 수 있지만 내가 가진 돈이 없어도 가진 것 안에서 나눠줄 수 있었으면 좋겠어요. 경제공동체를 꿈꾸는 거죠. 먼저 빵집에서의 노동을 소중히 생각하고, 빵집 후배들과의 약속을 지키려고 노력하고 있어요.

저희가 공통관심사로 두고 있는 것 중 하나가 지역에서 어떻게 먹고사는지에요. 어떻게 생활을 유지해나가세요?

제가 활동비를 안 받은 건 한 4~5년쯤 됐어요. 국립공원 일은 1998년부터 했으니 꽤 오래 했잖아요. 그래서 원고료나 강연료로도 어느 정도 생활 유지는 가능했어요. 공장 다닐 때, 첫 월급이 18만 원쯤 됐어요. 월급 받아서 대부분 활동비로 썼어요. 개인 생활을 위해 쓴 돈은 거의 없었던 것 같아요. 저축 같은 건 생각도 못 했죠. 남편과 저는 사회와 국가를 바꿔서 국가가 나를 돌보도록 하는 게 우리가 돈을 모으는 것보다 빠르다고 생각하고는 있지만, 모든 걸 온전히 국가가 책임질 수는 없는 것 같아요. 가능한 범위 내에서 노동하고, 일해서 받은 돈으로 먹고살아야죠. 빵을 만드는 일은 그 자체로 매우 힘들지만, 노동으로 먹고살고자 했던 제 꿈을 실현하는 곳이길 바라고 있어요.

먹고사는 데 많은 돈이 필요한 건 아니지만, 그 인식을 깨는 건 어려운 것 같아요. 자본주의 시스템 안에 있다 보면 그 시스템을 굴러가도록 하는데 필요한 행위들이 있는 거잖아요. 다른 방식으로 살고 싶어도 거기서 벗어나지를 못하는 게 그 시스템의 특징이고요.

그런 사람들에 의해서 자본주의는 계속 유지되는 거고요. 그러니까 한 명 두 명 거기서 탈출하는 게 필요한 거죠. 한때는 우리가 여기서 탈출해서 잘 살아야 더 많은 사람이 탈출할 수 있다고 생각했었는데 그것도 오만인 것 같더라고요. 실은 주어져 있는 만큼 살면… 그러면 되는 것 같아요. 각자에게 주어진 몫만큼 살아가는 거고 그런 삶이 싫어서 나온 사람들끼리는 같이 도와주면 되는 거죠. 돈은 필요하면 생기는 것 같아요. 오히려 버는 만큼 나가죠. 버는 만큼 나가는데 뭐 하러 힘들게 일해요. 그냥 조금만 벌면서 살아야지 생각해요. 돈은 어쩔 수 없이 필요하긴 하니까요.

주옥님이 말씀하신 것처럼 저는 '내가 시골에서 잘 살아서 본보기가 되면 좋겠다. 내가 행복하게 사는 모습을 보고 한 명이라도 이곳에 오면 좋겠다' 라는 생각에서 벗어나진 못하고 있어요.

실은 그게 필요해요. 저와 남편은 그 단계를 뛰어넘은 거죠. 자유롭게 하고 싶은 걸 하면서 행복하게 사는 게 정말 중요해요. 저는 항상 하고 싶은 게 있다면 그걸 해야 한다고 생각하거든요. 또 너무 머리 아프게 일하지 말아야 해요. 머리 아프게 일하는 건 오래 가지 못한다고 생각해요.

제가 나이가 더 들면 말씀하신 것처럼 내려놓지 않을까요? 전 지금 이 삶의 방식을 증명하고 싶어요.

그런 태도가 또래 청년들에게 필요할 거예요. 왜냐면 그런 사람이 있어야만 '아, 저렇게 사는 사람도 상당히 의미 있고 행복하구나' 느낄 수 있는 거잖아요.

대학 시절 노동 운동으로 시작해서 현재 환경운동까지 평생 운동하는 삶을 이어오셨는데, 그 원동력은 어디에서 왔을까요? 가치관을 행동으로 옮기는 꾸준함을 배우고 싶은데, 행동에는 더 큰 힘이 필요한 것 같아서요.

저는 아주 적극적인 사람은 아닌데, 주변 분들이 말할 때 저는 어떤 것을 해야겠다고 생각하면 하는 스타일이라고 하더라고요. 이게 지금까지 활동하게 하는 원동력이죠. (웃음) 그렇지만 포기할 건 빠르게 포기해요. 나와 맞지 않는 것에서는 확실하게 선을 그어요.

학교 다니면서 내 삶은 '운동하는 삶'이라고 규정을 했고, 어떤 운동이든 나는 운동하며 살겠다고 생각했어요. 그런데 저는 운이 좋았던 게, 주변에 저를 도와주려 하는 사람들이 많았고 이제는 제가 그 역할을 하고 싶은 거예요. 제가 힘들고 어려울 때 누군가가 어떤 식으로든 절 도와줬거든요. 그분들께 "이 고마움을 어떻게 표현해야 하나요?" 물으면 도움이 필요한 누군가에게 하면 된다고 했어요.

두 번째는 현재 가지고 있는 것에 대해 최선을 다한다는 마음이에요. 그런데 최선을 다해도 안 되는 건 많잖아요. 그것에 대해서 내가 자책하지 않는 게 중요한 것 같아요. 힘들고 어려울 때 사람들은 술을 마시거나 현실을 내려놓는 경우가 많은데, 저는 잠을 자요. 제 경험상 자고 나면 힘듦의 절반은 해결되어 있더라고요. 또 생각이 많을 때는 걷는 편이에요.

세 번째는 자연으로부터 받는 영감, 기운 이런 게 있어요. 자연은 정말 감동 그 자체예요. 어떻게 말을 할 수가 없어요. 지리산에 들어갔다 오면 '나무들도 저렇게 잘 살고 있는데 왜 걱정만 하는 거야', '열심히 살다 보면 좀 더 나은 상황이 올 거야'하는 마음이 들어요. 그런 마음이 들 때면 행복해요. 자연의 존재들과 내가 같이 호흡하고 있다는 상황이 너무 좋아요.

주옥님은 정말 '찐 공감러'같아요. 자연과의 깊은 공감, 아무나 할 수 있는 게 아니잖아요. 대단한 능력 같아요.

'찐 공감러'라니, 그렇게 말해줘서 너무 고마워요. 힘들고 어려운 사람들이 자연에 와서 치유 받았으면 좋겠어요. 그러려면 우리의 지리산이 잘 지켜져야 하고, 지리산을 지키는 사람들이 많아져야 하니까, 결국 우리 청년들이 많이 관심을 가져줘야 해요! 정말 하고 싶은 얘기예요. 청년들과 같이하고 싶어요.

방식은 다양하겠지만 자연을 지킨다는 것은 '내가 사랑하는 어떤 나무를 보고 계절이 바뀔 때마다 그 나무가 잘 있는지 궁금해서 찾아가는 것'이라고 생각해요. 지금 같은 세상에서는 그 나무가 어느 순간 베어질지 몰라요. 그러니 우리는 다양한 방식으로 지리산과 함께하는 삶을 살았으면 좋겠어요.

주옥님이 해왔던 일을 쭉 따라가다 보니, 주옥님이 자연에서 느꼈던 마음을 다양한 방식을 통해 다른 사람들에게 전달해주려는 느낌을 받았어요. 그 감정은 말로 설명하기 어렵잖아요. 그래서 축제, 프로그램, 운동처럼 다양한 방법으로 경험할 수 있게끔 해주는 역할인 거죠. 사회적으로 보면 자연과 사람을 연결해주는 중간자라고 느껴지네요.

감사합니다. 그러니까 잘 산다는 게 결국 자기가 하고 싶은 일을 행복하게 하는 거잖아요. 모두가 그랬으면 좋겠어요. 모든 존재 하나하나가 각자의 위치에서 빛나는 존재로 살았으면 좋겠다고 생각해요.

© 나종민

푸른, 종혁

우리가 순수함을 유지할 수 있다면

“

다음 세대의 어린이들이
그저 한 어린이로 자랄 수 있도록
제대로 도와줬으면 해요

”

우리가 순수함을 유지할 수 있다면

푸른, 종혁(산청)

송현, 보석, 유나, 류현

반가워요. 간단한 소개로 시작해도 될까요?

종혁: 저는 산청이 고향이고 중간에 잠깐 다른 지역에서 지내다 돌아왔어요. 다시 농사를 시작한 건 5년 차에요. 부모님과 같이 벼와 딸기 농사를 짓고 있어요. '산청군농민회' 사무국장으로 일하는 중이기도 하고요. '목화장터'에서 스텝으로 있고, '지속가능발전산청네트워크'에도 들어가 있고요. 지역에서 여러 활동을 하고 있어요.

매일 회의에 가시겠어요…

종혁: 회의가 좀 많았는데 코로나 때문에 요새는 좀 줄었어요. 그리고 진보당 당원인데…

푸른: 이 내용 이렇게 시원하게 말한 거 여기가 처음이에요. (웃음) 왠지 안정감을 느꼈나 보다.

종혁: (웃음) 좀 더 나은 세상을 만들기 위해 살고 있어요.

푸른: 저는 이름이자 별명인 '푸른'으로 불리고 있어요. 저는 소개가 좀 복잡해요. 대구·경북 쪽에서 태어나서 자랐고, 서울에 가서 좀 살다가, 다시 대구에 갔다가, 산청에 왔어요. 계속 여기서 살면 좋겠다는 생각이 들었을 때 종혁을 만나서 수월하게 정착하고 있어요. (웃음) 집이 생기면서 물리적, 심리적으로는 수월하게 정착했는데 생활방식은 계속 적응해 나가는 과정인 것 같아요. 작년엔 종혁의 농사일을 도와야 할 것 같아서 계속 밭으로 갔는데, 그러다 보니 내 생활이 없는 것 같았거든요. 올해는 내 일을 하는데 너무 일을 벌여서… (웃음)

푸른님은 제가 '지리산 작은변화지원센터'의 인터뷰 글로 처음 만났던 것 같아요. '누구시지?' 싶을 정도로 글이 좋았고 제게 잘 맞았어요. 글 쓰는 일은 어떻게 시작했나요?

푸른: 글은… 어릴 때부터 즐겨 썼어요. 그 시절에는 글쓰기라고 하지 않고 '글짓기'라고 했잖아요. 쓰는 행위랑 친한 환경에서 자란 거죠. 아마 칭찬 듣는 게 좋아서 했던 것 같아요. 쓰는 삶에 대해 늘 생각만 하고 막상 쓰진 않았는데, 지리산 작은변화지원센터에서 요청이 들어왔을 때 마침 '아, 뭔가를 쓰고 싶은데 왜 이

렇게 안 써지지?'하는 상태였어요. 농촌에 적응해가면서 쓰고 싶은 얘기가 더 많아졌는데, 혼자서 하려니까 잘 안 써졌거든요. 한동안 농사일만 따라가면서 하던 일들을 다 멈춘 상태였을 때, 그래서 내 걸 다시 해야겠다고 생각했을 때 들어왔던 첫 제안이었어요. 그 해의 첫 일이었죠. 그래서 무조건 '네!' 했어요. 할 거리가 있으면 내가 뭐라도 쓰겠다 싶어서 했는데, 인터뷰하러 갈 때는 재밌게 가고, 돌아와서 원고 쓸 때는 히스테리를 엄청나게 부렸어요. (웃음) 막상 글 써서 기사가 나가면 또 재밌고, 그렇게 반복했던 것 같아요.

거기서 진행했던 푸른님의 인터뷰는 거의 마무리가 됐더라고요. 계속 이어졌으면 했는데 푸른님과 자야님의 마지막 인터뷰를 보니 아쉬웠어요.

푸른: 읽어주시는 분이 있다니! 제 가족만 읽어주는 줄 알았어요. (웃음)

그런데 그전에도 글쓰기 노동을 하신 적이 있으세요?

푸른: 한 편씩 의뢰받은 적은 있을지 몰라도, 정기적으로 쓴 적은 없는 것 같아요. 일하는 데서 공짜로 글 쓰라고 시킨 적은 있어도. (웃음) 내가 글을 쓰는 사람이구나, 생각할 수 있었던 건 처음인 것 같아요. 이건 좀 창피하긴 한데, 혼자 생각할 땐 그런 이력이 '좀 멋있는데?' 하기도 했어요. (웃음)

두 분은 어떻게 산청에 오셨는지, 그리고 어떤 점 때문에 여기에 계속 살고 싶다고 느꼈는지 궁금해요.

푸른: 산청에 처음 왔을 때는 대안학교 자원교사로 왔어요. 그 후에는 '방정환하늘학교'라는 초등과정 대안학교를 만들어서 1년 동안 아이들과 생활했고요. 짧은 시간이었지만 잘 시작하고 잘 해산했다고 생각해요. 학교를 해산할 즈음에 종혁과 가까워졌어요. 압축해서 말하자면, "나 산청에서 살 건데, 곧 결혼할 거면 그냥 지금부터 같이 살래?" (일동 감탄) 그런 식으로 돼서, 금방 결혼도 하고 같이 살게 됐어요. (웃음)

산청에 살아야겠다고 마음먹은 건 '방정환하늘학교'를 시작하고 조금 지나서였는데, 그전에도 산청이 좋다고는 생각했어요. 근데 지나고 보니 제가 그 당시 좋아했던 산청은 그냥 산이 보이는 풍경, 살아본 적 없는 풍경 정도였던 거죠. 그런데 '방정환하늘학교'를 하면서는 지역 사람들과 분위기와 문화와 생활 모습까지 이 모든 게 산청으로 느껴지면서 여기 계속 살아도 되겠다는 생각이 들었어요. '여기가 너무 마음에 들어!' 이런 것까진 아니었지만 그렇다고 다시 도시로 가고 싶은 마음은 아니었어요. 안 돌아갈 거면 학교가 문을 닫아도 나는 계속 여기에 남아서 살아야겠다고 생각했어요.

도시 생활은 어느 정도 하셨나요?

푸른: 대구랑 서울에서 지냈는데 그 생활도 재밌었어요. 처음엔 제가 시골에 와도 학교 일 때문에 오는 거지, 여기서 살 거라곤 생각도 못 했어요. 서울에서 살 땐 도시의 앞서나간 문화나 다양한 사람을 만날 수 있다는 것이 좋았거든요. 대구에 살면서도 기회나 배움의 대부분이 서울에만 있는 것에 대해서 늘 불만이었어요. 지역에 내려오면 그런 게 완전히 끊겨버릴 것 같아서, 도태될 것 같아서 두려웠는데 그것과 다른 좋은 방향으로 살아지더라고요. 예를 들면 도시에선 저를 둘러싸고 있던 그 수많은 대기업의 포인트를 엄청 잘 적립하고 VIP 등급을 유지하는 사람이었는데, 여기에선 '없어도 살아지네?' 하고 삶이 가볍게 느껴진 것 같아요. 제가 친구들한테 그 당시에 했던 말이 있어요. "몸이 재촉 받는 느낌이 사라진 것 같아" 그게 온몸으로 다 느껴졌어요.

도시에선 어떤 일을 하셨나요?

푸른: 아르바이트도 하고요. 일자리 지원사업 계약직으로 일했어요. 학교 다니고, 백수로도 좀 있었고요.

산청에 오고 나서 특별히 달라진 게 있나요?

푸른: 모르겠어요. 나이를 먹어가는 탓인지 뭔지… 제 성격이 변한 것도 있겠지만 되게 좋다는 것도 없고, 막 못 살겠다 하는

것도 없고. 그냥 이렇게 살아지는구나, 살게 되는구나 싶어요.

종혁님은 왜 다시 산청으로 오게 됐는지 궁금해요.

종혁: 저는 어릴 때부터 부모님이 농사짓고 있으니까 농사는 생각도 안 했죠. 집 주변에서 중학교까지 다니다가 고등학교는 진주로 나갔어요. 일 안 하려고. (웃음) 근데 밖에 나가서는 어떤 시기에 무슨 농사일이 있는지 다 알잖아요. 그런 게 마음에 걸려서 주말마다 와서 또 일하고… 그러다 보니 오히려 일을 더 하게 됐죠. 사실 그때까지도 별생각 없이 살았어요. 친구들 따라 대학 갔을 때도 '이건 배워서 어디에 쓰나?' 생각이 들더라고요.

그러다 군대 전역하고 뭘 할까 고민하다가 문득 농사지어야겠다는 생각에 수원에 있는 농대에 들어갔어요. 학교가 3년제인데 2학년 때는 농장 실습이 있었고, 등록금이나 학비가 전액 무료였거든요. 처음엔 졸업하고 바로 내려와서 농사지을 생각이었는데, 공부도 하고 사람도 만나다 보니 당시 '민주노동당'이라는 곳에 가입했어요. 그러다 '전국농민회총연맹'이라는 곳을 알게 돼서 거기서 실무자로 4년 조금 넘게 일했고요. '산청군농민회'가 있듯이 전국 농민회를 다 아우르는 농민회 총연맹이 서울에 있었거든요. 그러고 나서 제가 고향으로 내려가겠다고 했을 때 같이 계시던 분이 '네가 고향에 내려가는 것도 좋지만 농민회가 더 활성화되지 않은 지역에 가는 게 어떻겠냐'라는 얘기도 했었는데 저는 연고 없는 농촌에서 정착하는 게 얼마나 어려운지 알고 있었고, 부모님이 계신 곳으로 가는 게 더 나을 것 같아서 산청으로 내려오게 됐어요.

엘리트 농부 같은 느낌이네요. (웃음) 그런데 제가 사는 지역에서 만난 중·고등학생들은 다 도시로 가고 싶어 해요. 종혁님도 처음엔 돌아오기 싫었지만, 다시 오고 싶었던 이유가 있었나요?

종혁: 딱히 그런 건 없는 것 같고, 어렸을 때부터 시골에서 자라다 보니 자연이나 풍경을 좋아했어요. 중·고등학교 때는 그걸 모르고 있었던 것 같아요. 대학교 생활하면서 '내가 잘할 수 있고 좋아하는 게 자연 속에 있는 거구나' 하고 원하는 길을 찾게 된 것 같아요. 어떤 특별한 계기가 있었던 건 아니에요.

그런데 농민회를 하게 된 건 배경이 좀 있어요. 부모님이 농사를 지었고 저는 옆에서 돕기만 해서 그런지 농사일이 힘든 것만 알았지, 먹고 사는 데 힘들다는 느낌을 받진 않았거든요. 부모님이 표현을 안 하셔서 그랬는지는 모르겠지만요. 그러다 진실을 알게 된 게, 전국 지역을 다니면서 농민들이 생산하는 품목에 따라 생산 대비 소득이 얼마인지 조사하는 일을 했었거든요. 스무 군데 정도 다녔는데, 계산해보면 두 군데 정도 빼고 다 적자더라고요. 그때 이게 이상한 걸 알았죠. 우리 집은 그렇지 않았던 것 같은데… 이걸 제가 잘못 알고 있었던 거예요. 얼마나 일을 해야 농촌에서 먹고살 수 있는 건지 그때 느꼈어요. 농사도 친환경으로 지어야겠다는 마음을 가지고 있었는데, 그걸 알게 되고 나서 농사는 좀 미루기로 했어요. 어쨌든 내가 해야 할 일은 농민 문제나 농업 문제에 있어서 부조리하고 잘못된 일을 바로잡아야겠다는 생각이 들었어요. 그렇게 농민회에 들어가게 됐고, 그게 지금까지 계속 이어지는 거예요.

그래서 지금은 '내가 계속 농사를 지어야겠다' 이런 생각보다는 시골에서 필요한 일을 하고 싶은 마음이 더 큰 것 같아요. 예를 들어, "이종혁, 산청 신안면에서 네가 필요한 일은 저기 산에 가서 나무를 해오는 것이다" 하면 전 그런 일을 하려고 해요.

지역에서 필요한 일을 그냥 할 수 있다고요? (놀람)

푸른: 진짜 멋있죠? (웃음) 제가 좋아하는 사람이라 그런 것도 있지만 저 말이 너무 신기하더라고요. 어떡하면 저런 생각을 하는지 신기하고 궁금했어요. 제가 처음 본 인간 유형이어서… 종혁은 늘 저 말을 똑같이 하거든요. 어딜 가나 저 생각이 늘 중심에 있는 것 같아요. 그리고 진짜 그렇게 행동하고요. 저는 제 기분대로 받아들이는 경향이 있는데, 종혁은 그런 게 없고 진짜 필요한 일이면 그냥 할 수 있는 사람인 것 같아요.

지역 어르신들이 종혁님을 욕심 낼만 하네요. 그런 마음으로 시작한 일은 어떤 것들인가요?

종혁: 일단은 농민회가 제일 중심에 있는데, 전국적으로도 그렇지만 산청 지역 농민회도 잘 안 되고 있어요. 젊은 사람들이 귀농으로 오긴 하는데 그게 농민 인권이라든지 농업 문제해결 활동 같은 것으로 이어지진 않는 것 같아요. 제가 내려올 땐 사람들과 그런 일을 하고 싶었거든요.

근데 대부분 귀농하면 농사짓고 판매하는 일만으로도 벅차서 지역이나 농촌 문제를 해결하는 부분은 이뤄지기 어려워요. 그 당시에도 시골에 내려오고 싶은 젊은 사람들은 있었는데 정착을 못 하고 떠나는 경우가 많았거든요. 저는 그나마 고향이 시골이니까 중간 역할을 할 수 있겠다고 생각했어요. 비슷한 또래의 청년들이 지역에 내려왔을 때 잘 정착할 수 있게끔 역할을 하고 싶었는데 아직까진 잘 못 하고 있어요.

푸른님도 굉장히 일이 많고 바쁘다고 알고 있는데, 요즘은 어떻게 지내고 있어요?

푸른: 하는 일이 아주 많은데… 일을 하나하나 맡을 때에는 '그거 진짜 재밌겠는데? 내가 하면 잘 할 수 있겠는데?' 해서 다 한다고 했는데, 벅차더라고요. 좋아하는 일이라 생각하고 시작했는데 좋아할 시간을 안 남겨둔 거예요. 좋아하는 일만 넘치게 해본

적이 없어서 좋아할 시간이 필요한 줄 몰랐어요. 근데 그 시간이 필요하더라고요. 지금은 좋아할 겨를이 없고 그냥 일만 하고 있어요. 이걸 하면 저게 마음에 걸려서 불안하고, 이것만은 즐겁다는 일이 딱히 없는 것 같아요. 즐거운 건… 지금 이 순간? (웃음)

'산청 목화장터'도 궁금했어요. '목화장터'는 어떻게 운영하고 있어요?

종혁: '목화장터'는 누가 담당해서 여는 게 아니고 그냥 규칙이 있을 뿐이에요. '매달 둘째, 넷째 주 일요일 오후 1시부터 5시까지 열린다.' 그래서 누가 이걸 만든다기보단 같이 해나가는 개념이죠. 일을 제안해주신 선생님께서 "그래야 안 무너지고 오래간다" 얘기하시더라고요. '목화장터'는 103회차인데 작년부터 젊은 사람들이 이어나갔으면 좋겠다 해서 저희가 하고 있어요. 근데 '이걸 잘 만들어보자!' 이런 마음이 생겨야 하는데 생기다가도 사그라들고 해서 생각보다 신나게 되진 않네요. 안 멈추고 진행되는 게 다행이죠.

시국이 시국인지라, 마을 장터가 열리는 것 자체로도 대단하죠.

푸른: 둘이 같이 있으면서 서로 활동이 섞였어요. 제가 어린이 행사하면 종혁이 트럭으로 도와주기도 하고, 마을 학교 활동을 같이하기도 해요. 여긴 무슨 활동이든 쪽수가 부족하잖아요. 종혁은 제가 하는 교육 판에 발을 넣고, 저는 종혁이 원래 활동하던 농

업 분야에 발가락 정도 담그면서 (웃음) 활동하고 있어요.

교육, 어린이 행사에 대해서 말씀하셨는데, 그건 어떤 활동인가요?

푸른: '방정환하늘학교'를 경험 삼아 지역에서 어린이 활동이 지속 되면 좋겠다고 생각했어요. 그중엔 하지 못했던 것도 있고요. 지금은 달리 부를 말이 없어서 '교육'이라 말하지만 저는 '언제나 어린이들의 편에서 사는 사람'이 되고 싶다고 생각하거든요. 같이하면 어린이들도 재미있고 저도 재미있을 것 같은 활동들을 찾아요. 마을 학교를 통해서 어린이들과 수업하거나 '목화장터'에서 판 벌여놓고 놀고 있으면 애들이 알아서 몰려들더라고요. 그래서 같이 노는 거죠.

그런데 '어린이 인권'에 대해 얘기할 때, 사실 그 대상은 어른들인 것 같아요. 주체는 어린이지만 어른들한테 얘기하는 것 같아요. 그래서 '어린이에 대해 너무 무지하지 않아?' 혹은 '어린이를 너무 납작하게 보고 있는 것 아니야?' 같은 얘기를 함께 나누는 자리를 만들고 싶은데, 지금 다른 사람과 약속한 무수한 사업들 때문에 진행을 못 하고 있어요.

산청엔 어린이가 많은 편인가요?

푸른: 활동가나 장터 셀러 분들의 아이들이 있죠. 늘 보는 사람들이에요. 학교에 있을 때부터 사람들이 '푸른쌤'이라고 저를 불

러줘서 어른들도 그렇게 기억하세요. 제가 애들이랑 놀고 있으면 그분들은 돌봐준다고 생각하고 아이에게 "선생님한테 잘 배워!"라고 하세요. 전 그냥 노는 건데… (웃음) 아무튼, 푸른쌤이라는 명칭으로 제가 어린이들과 있는 상황에 대해서 어른들이 안심하는 분위기가 된 것 같아서 그건 기분 좋아요.

인터뷰로 나갔던 기사 말미에 '어린이 해방을 꿈꾸는 푸른'이라는 문구가 굉장히 인상적이었거든요. 푸른이 꿈꾸는 어린이 해방은 어떤 것인지, 어린이 해방을 이루기 위해 어른들이 가장 먼저 알아차려야 하는 것들이 무엇이라 생각하시는지 궁금해요.

푸른: 제가 생각한 어린이 해방… 너무 어려운 질문이긴 한데, '어린이 해방'이라는 단어를 방정환 선생님이 쓰시기도 했고, 그 단어를 들으면 정말 해방되는 느낌이 들어요. 어린 시절의 나를 위로할 수 있는 단어인 것 같기도 하고요. 언어로 설명하긴 어려운데, 다음 세대의 어린이들이 그저 한 어린이로 자랄 수 있도록 제대로 도와줬으면 해요. 대안 교육에 대해서 이러쿵저러쿵 얘기하는 사람들은 많잖아요. 그런데 실제로 그게 이뤄지고 있냐고 하면 실상은 어렵거든요. 예를 들어 학교에서도 다양한 조건 때문에 대안적 방법을 도입하기 어려운 상황들이 있죠. 이런 식으로 이론만 있고 실행하지 못하는 부분이 안타까워요. 그래서 이론적인 가치관은 제쳐두고, '아이'를 중심에 두고서 그 아이가 온전히 자신으

로 자랄 수 있게 도울 수 있다면 그걸로 충분하다고 생각해요.

어른들이 알아차렸으면 하는 건, 이건 좀 단순한데, 어린이를 '사람'으로 볼 수만 있으면 많은 문제가 해결될 것 같아요. 한 동등한 시민, 사람인 거죠. '어린이는 나이가 어리지만, 우리와 동등하다'고 하면 동료 교사들이 받아들이기 힘들어하더라고요. 저도 쉽게 변화한 건 아니지만 많은 사람이 어른은 '가르치는 사람'이고 어린이는 '배워야 하는 사람'이라는 프레임에서 벗어나기 어려워하는 것 같아요. 그러나 제가 쌓아온 걸 버리려고 노력하는 만큼 관계가 달라진다고 생각해요. 저는 중심을 잃었다고 생각할 때, 이걸 기억하는 게 도움이 됐어요. 내가 대하는 사람이 만약 나이 많은 어른이어도, 혹은 내 가족 중 한 명이어도 이렇게 말하고 행동할 건지를 생각해 보면 많은 부분을 쉽게 바꿀 수 있어요. 어린이에게 '야', '너' 이렇게 호칭하는 것도 만약 낯선 사람에게 똑같이 할 수 있겠냐고 하면 못 하잖아요. 낯선 어린이에게 쉽게 '갖다 놔', '이리 와' 하는 위계적인 반말도 바뀔 거고요.

맞아요. 어린이도 같은 사람인데 반말부터 하는 어른이 대다수인 것 같아요. 이런 가치관을 만나게 된 계기가 있었어요?

푸른: 특별한 계기는 따로 없어요. 여러 가지 섞인 것 같아요. 어린 시절을 정말 잘 기억하는데, 네 살 정도부터 순간순간 기억나는 장면들이 되게 또렷해요. 제게 다가오는 감각을 예민하게

감지하고 잘 받아들인 것 같아요. 그래서 초등학생 때부터 '교육'이 무엇인지에 대해서 생각하면서 자랐던 것 같아요. 정확한 개념이나 용어는 몰랐지만요. '선생님이 왜 저렇게 말하지?', '저래도 되나?', '자기 자식한테도 저렇게 할까?' 이런 생각을 많이 했던 것 같아요. 좀 더 커서는 '그렇다면 교육은 어때야 하는지' 고민하고, 대안학교 다니면서는 '대안 교육이란 뭐지? 어때야 하지?' 이런 질문에도 스스로 답을 내려고 했어요. 중·고등학생도 골고루 만나본 편인데 그 시기엔 이미 생각이 굳어진 게 많더라고요. 그래서 더 어린이 시절이 중요하다 느껴요.

다른 때 보다 어린이랑 있을 때 제일 기분이 좋으세요?

푸른: 다들 그렇지 않나요? (웃음) 저는 아이들에게 에너지를 받는 것 같아요. 그런데 사람들은 제가 그냥 어린이를 좋아해서 활동한다고 생각해요. 그게 좋아한다고 생각하는 건지 아니면 다른 표현을 몰라서 그렇게 말한 건지 모르겠는데 오늘도 그 얘길 들었거든요. "어떻게 자식도 없는데 그렇게 어린 나이에 애들을 좋아해서 수업까지 여는 거야?" 근데 애들이 귀엽고 좋아해서 수업을 여는 건 아니에요. 단순히 아이들을 좋아하는 것과 어린이를 위해, 어린이를 존중하기 위해 활동하는 건 다른 문제니까요.

개인적으로 도움을 받고 싶은데, 제가 아이들을 되게 낯설어해요. 어떻게 다가가야 할지 모르겠고. 어린이 프로그램을 하면 아이들은 놀 때보다는 힘들 때 저한테 오더라고요. 슬플 때, 화날 때, 친구랑 싸웠는데 풀고 싶을 때. 그러다 보니 제가 그 친구들이랑 같이 놀고 즐기는 존재라기보단 힘든 것을 해결해주는 역할이 되면서 더 낯설어지더라고요. 어떻게 만나야 할지 고민이에요.

푸른: 저는 반대로 저랑 되게 잘 놀고, 활동도 잘하는데, 고민이 있을 땐 딱히 날 찾지 않는 것 같아서 고민이에요. (웃음) 나는 그다지 어른스럽거나 마음을 편안하게 해주거나 품어주는 느낌은 아닌 것 같다고, 그런대로 절 받아들였어요. 저도 필요에 따라 다양한 성향의 선생님과 함께하니까요. 근데 전 좀 부러운데요. (웃음) 애들이 어려운 상황에 편안하게 느끼고 찾아갈 수 있는 것 같아서요.

종혁님도 아이들을 만나고 있나요?

종혁: 푸른과 같이 움직이다 보니 마을 교사가 돼 있었어요. (웃음) 아이들을 만나는 건 좋아하는데 아이들하고 뭘 해야겠다는 생각이 있었던 건 아니에요. 그런데 역할을 받다 보니까 더 잘해야겠다는 생각이 들더라고요. 그래서 제가 어렸을 때 했던 놀이를 하려고 해요. 수영도 하고, 산에 가서 채집도 하고, 토종 종자로 농사도 짓고요. 이런 식으로 계획서를 짜서 냈는데 아무도 신청을 안

하더라고요. (웃음) 이번에 다시 보강해서 다섯 명 지원했어요.

마을 교사라는 건 농촌 마을에 꼭 필요한 것 같아요. 가장 좋은 대안이라는 생각도 들고요. 공교육이 채워주지 못하는 부분을 옆집 마을 주민이 채울 수도 있는 거잖아요. 이런 분야에 관심 있는 분들이 앞으로 더 많아지면 좋겠다는 생각이 드네요.

푸른: 그래서 사업으로 진행되는 마을 교사 시스템에 아쉬움도 있어요. 저는 동네에 이름 없는 공부방이라도 좋거든요. 아이들과 놀이터 나가서 같이 노는 것만으로 충분해서 꼭 수업의 형태가 아니라도 아이들이 자라는 과정에 함께하는 일에 대해 지원받을 수 있으면 좋겠어요.

최근엔 어떤 고민이 있나요?

푸른: 저는 아까 말한 것처럼 지금은 좋아하는 것들이 많이 와서 포화상태예요. 이제는 내가 이것들을 좋게 소화하려면 어떻게 해야 하는지 보이기도 해요. 그래서 '쉼', 쉰다는 게 얼마나 소중한 일인지에 대해서, 질 좋은 쉼에 대해서 계속 생각해요. 책 한 자 읽을 수 있는 게 얼마나 감사한 일인지에 대해서도요.

사전에 보내주신 질문 중에 나의 여러 정체성에 대한 것도 있었잖아요. 농촌에서 사람들은 여러 가지 틀로 나를 보는데, 그게 다 쉽지 않은 거예요. 여자고, 아이 없는, 젊은, 교사, 며느리,

아내… 게다가 이종혁의 아내죠. (웃음) 사람들이 종혁을 엄청나게 아끼거든요. 그래서 뭘 해도 제가 잘못한 것 같을 때가 많아요. 괜히 난 늘 부족한 상태인 것 같고… 근데 산청이라서 그런 거일 수도 있어요. 대구 가면 나 아껴주는 사람도 있거든요. (웃음) 가족들과 힘든 것보다 남들이 나를 며느리라는 틀로 볼 때 힘들더라고요. 종혁네 가족과도 시간 많이 보내고 잘 지내고 싶거든요. 같이 농사 짓고 얘기하는 것도 너무 재밌고요. 그런데 그 균형을 잡는 게 어렵죠. 두 시간만 감자 심는 거 도와드리고 가야지, 이게 안 돼요. 다 심으면 또 다음 할 일이 있고, 그거 끝나면 또 할 일이 있고. 끝나기 직전에는 어머님이 저녁 먹고 가라고 메뉴까지 다 생각해두세요. (웃음) 그러면 하루를 다 비워야 하는 거예요. 같이 하고 싶은데 어떻게 그걸 잘 조절해야 할지… 요즘은 다양한 정체성에서 오는 일과 활동에 대해서 균형을 생각하고 있어요.

다양한 역할 사이에서 조절이 참 어렵네요.

푸른: 네, 조절과 균형, 그리고 쉼.

종혁: 저는 요즘 특별한 게 있다기보다, 지역 사람들을 만나고 그 사람들이 어려운 게 뭔지 얘기하고 싶은 마음이 늘 있어요. 근데 저 혼자만 그런 생각이 있는 것 같아서 같이 할 사람을 찾는데 어려움이 있어요. 예를 들면, 인력이 없다 보니까 외국인 노동자가 많이 오거든요. 그런데 그들의 인건비도 너무 많이 올라서 농

사를 제대로 못 하시는 분들이 많아요. 그렇다고 외국인들이 대우를 잘 받냐 하면 그것도 아니고… 농민은 인력이 없어서 고생인데, 젊은 사람들은 농지를 못 구해서 문제고요. 이렇게 농업과 관련된 문제들을 풀고 싶은 마음이 있어요. 그걸 잘하고 싶은데 잘 안돼서 고민이에요.

저랑 되게 비슷하시네요. 저도 지역에서 사람들이 어려워하는 문제에 도움이 되고 싶은 마음이 커요. 그게 어떤 방식일지는 아직 못 찾았는데, 서비스나 시스템 쪽으로 풀어보고 싶거든요. 생협 매장에서 일할 때도 지역에서 유기농산물을 매개한다는 역할에 대해 많이 고민했고요. 그래서 공감이 많이 됐어요. 지역에 도움이 되고 싶어 하는 마음.

종혁: 저도 그런 거 되게 하고 싶었어요. 물건 갖다 놓고 계산해주고 하는…

푸른: 마트에서 일하고 싶은 거랑 이건 전혀 다른 이야기인 것 같은데…? (일동 웃음)

지역의 인력이 부족한 부분은 너무 공감하는 일이에요. 사람들이 적어서 더 가깝게 지낼 수 있는 것은 재밌고 좋지만, 한편으로 어떤 일을 해도 비슷한 사람들과 하게 되는 건 힘든 점이에요. 우리가 이런 문제를 어떻게 풀면 좋을까 하는 고민이 드네요.

푸른: 근데 잘 살고 있는 건 맞는 것 같아요. 만약 도시에서 비슷한 인터뷰를 했으면 더 심각한 고민, 말하면 눈물 날 것 같은 고민을 얘기했을 것 같은데, 이 정도의 고민은 행복한 축에 속하는 것 같아요. (웃음) 어쨌든 '어떻게 하면 더 잘 살까? 더 행복할까?' 하는 긍정적인 방향의 고민인 것 같아서요. 제가 스스로 잘 살고 있다고 표현하는 게 양심에 걸리지 않아요.

번외 질문인데 혹시 '에니어그램' 해보셨어요?

푸른: 저는 했지만 종혁은 안 해봤어요. MBTI는 최근에 같이 했어요. 종혁은 '성인군자 형'이었고요. 저는 최근 몇 년 동안 성격이 계속 바뀌고 있어요. 지금도 제가 좀 낯설어요. 극단에 있는 외향형이었는데, 지금은 내향형 쪽으로 가 있어요. 그래서 지금 너무 불편해요. 진짜 외향이었는데… 지금 이게 나 같지 않고 '아, 내향형 사람들 이렇게 살았구나' 싶어요. (웃음)

외향인으로 살 때 겪게 되는 수모와 감당하지 못할 상황들이 있는 것 같아요. '내가 나대지만 않았어도…' (웃음) 이런 게 반복되니까 자연스럽게 내향적 선택을 하는 거예요. 내부에선 분출하고 싶은 게 있는데 그러지 못하고 얌전히 있어야 하고요. 그래서 그 말이 너무 공감돼요. 아, 이게 내향인의 삶인가.

푸른: 저도 그랬다가 이제는 뒤죽박죽돼서 알고 싶지도 않아요. 저라고 인정하고 싶지 않아요.

다시 인터뷰로 돌아와서, 저는 두 분의 결혼사진 정말 멋지더라고요. 결혼식 기획 과정이 궁금해요.

푸른: 결혼식이요? 의외로 쉽게 된 것 같아요. 종혁이 전국적인 농민 단체에 걸쳐서 인맥이 많고, 사람들이 종혁을 신뢰하기 때문에 종혁이 말하면 한달음에 달려와 주는 사람들이 많아요. 그런 배경이 있고요.

둘이서 결혼식을 어떻게 하면 좋을지 얘기하다가 일단 결혼식장에서 하는 건 싫다는 부분은 서로 동의가 됐어요. 결혼식 구성에도 서로 공감하는 부분이 많았고요. 평소에도 이벤트 기획과 준비과정에 대해 생각하는 일을 하다 보니 결혼식도 차근차근 어떻게 하면 되겠다는 생각이 서더라고요. 근데 저 혼자 계획하긴 싫어서 어떻게 하나 보려고 기다렸더니 아무도 움직이지 않더라고요. (웃음) 나중에 급하게 종혁을 카페로 데려가서 "우리 오늘부터 회의 시작하자", "일단 필요한 거 다 적어보자"하면서 틀을 잡았어요. 또 제 가족은 늘 축의금 없는 결혼식을 꿈꿨는데 농촌 문화에서는 쉽지는 않겠더라고요. 부를 사람들이 좀 많기도 하고요. 그래서 확실히 스몰 웨딩은 아니었어요. (웃음) 그렇지만 충분한 자금을 쓰되 그걸 웨딩 업체에 주진 말자는 이야길 했어요. 차라리 아는 사람들에게 도움 청해서 그분들께 사례하는 게 낫다고 생각했죠. 꽃집도, 사진도 아는 사람들한테 부탁하고. 동네 친구들이 무대가 만들어주고요. 시장에서 천도 사고, 그렇게 유일한 결혼식을 만든 것 같아요.

종혁: 원래는 자주 가던 공원에서 하려고 했는데 군에 물어보니까 안 빌려준다는 거예요. 한 번 빌려주기 시작하면 자꾸 연락 온다고.

푸른: 그때 종혁이 갑자기 노트북을 열고 법령을 막 뒤지더라고요. (웃음) 그러다 머리 아파서 "집 앞에서 할까?"하고 이야기가 나왔어요.

기사에도 났었죠. 정말 재밌게 읽었어요. 두 사람은 많은 실험과 시도를 하고 계시는데, 앞으로도 계획하고 있는 게 있나요?

종혁: 농촌에 살고 싶거나 농사짓고 싶은 친구들이 있으면, 같이 와서 지낼 수 있게끔 기반을 만들어보고 싶어요. 민망하긴 한데… 어쨌든 부모님이 농사짓는 땅이 있으니까요. 그 땅에서 저희

농산물 심는 것도 의미가 있지만, 농사짓고 싶은 사람들이 와서 공동 경작할 수 있는 공간으로 만들어보고 싶어요.

지금 산청에 청년 커뮤니티가 있어요?

푸른: 아니요, 없어요. 제 기준으로는 청년들이 조금 있긴 하지만 이런 대화를 나눌 수 있는 청년은 아직 부족한 것 같아요.

종혁: 저는 청년 모임도 책 읽기 모임으로 시작해서 공간도 만들고 했었는데, 그러면서 작은변화지원센터 사업도 하고요. 지원사업을 너무 열심히 하다 보니까 지쳐서 잘 안 됐어요. 다시 또 마음 맞는 사람들이랑 재미난 걸 해보려고 하는데…

푸른: 새로운 사람들이 더 많이 와야 할 것 같아요. (웃음)

맞아요. 우선 사람이 있어야 하는 것 같아요. 그리고 별 목적 없이 같이 밥 먹는 모임에서 시작해야 한다고 생각해요. 지원사업 따라가다 보면 중심이 없어지는 것 같아서요. 푸른님은 어떤 탈선을 계획하고 있나요?

푸른: 저는 늘 특별한 선택을 하는 걸 좋아하고, 사소한 걸 해도 나다운 걸 좋아했는데 살다 보니까 그런 게 없어졌어요. 이제는 이게 나인지 뭔지 모르겠어요. 그렇게 흘러가는 나를 잘 받아들이고 싶어요. 어떤 부분에선 평범하다는 것을 받아들이는 과정 같아요. 왜냐면 처음 결혼하고서 누군가에게 제가 느끼는 감정을 얘기했을 때 '흔한 가부장제 속의 흔한 며느리'로 받아들여지는 게

너무 싫은 거예요. 상대방이 저를 그런 맥락 안에서 읽을 수도 있는 건데 '난 그거 아니야, 난 조금 달라, 나만의 이야기가 있어!'라고 얘기하고 싶어지고… '시댁은 다 그렇지'라는 식으로 받아들여지는 게 싫었어요. 그 순간 내 경험이 납작해지는 것 같았거든요. 요즘도 '지리산방랑단' 같은 '극極 탈선' (웃음) 친구들을 많이 만나서 그런지 몰라도 결혼해서 아기 낳으려고 하는 내가 너무나 평범하게 느껴지는 거예요. 요즘은 '난 평범하게 잘 살면서 즐기면 되지'라고 평범함을 받아들이는 게 제가 생각하는 탈선이에요.

또 저는 해보고 싶은 게 많은데 특히 아버님이랑 같이 황토집을 짓고 싶어요. 제가 시아버님을 좋아해서 같이 일하면서 추억을 만들고 싶고요. 논 옆에 컨테이너가 하나 있는데 그것도 공유창고로 개조하고 싶어요. 저 원래 혼자 진짜 잘 노는데 종혁 만나고 나서는 그걸 못하는 사람이 된 거예요. 그래서 혼자 여행도 다니고 싶어요. 자연주의로 출산이나 육아를 하고 싶고요. 그리고 더 늙기 전에 춤추고 싶어요. 친구들도 많이 사귀고 싶고.

멋있네요. 외향적 사람이 내향적 삶을 받아들이는 것 자체가 엄청난 탈선이라고 생각해요. 거기에도 용기가 필요한데 그 용기가 없으니까 계속 고집부리게 되는 거예요. '아니야, 나는 외향인데! 외향인은 이렇게 하면 안 되는데' 하면서 상태를 부정하니 힘들어지더라고요.

푸른: 저는 진짜 길 가다가도 신나는 노래 나오면 춤추면서 갈 수 있는 사람이었는데 지금은 집 앞 강변에서도 그렇게 못할 것 같아요. (웃음)

옥수수

무해하고도 재미있는 사람동물로

“

우리 스스로를 혐오하게 만들고
그 분노를 타인에게
향하도록 하는 힘과
사회적인 장치들에 대해서
용기를 내어 목소리를 낼 때,
시혜를 넘어서는,
솔직한 연대의 에너지가
생겨날 수 있다고 생각해요.

”

무해하고도 재미있는 사람 동물로

옥수수(구례)

송현, 보석, 유나, 한라

수수님, 요즘은 어떻게 지내시나요?

옥수수 코로나가 확산되어 노래 부르는 자리들은 취소되었어요. 대신 작은 모임 자리들 초대받아 사람들 이야기 듣고 새로운 게임도 배웠습니다. '호남여성농악 부포놀이'를 배울 기회 시간과 기회도 생기고. 〈생명으로 돌아가기〉 등 친구들과 주변 분들에게서 추천받은 책들도 읽어 나가고 있어요.

이사를 계획 중이라면서요.

네. 어떤 집이 저에게 왔어요. 원래는 수리를 안 하고 들어가는 게 피해가 되지 않는 방식이라고 생각했어요. 이건 웃기지만, 그 집도 하나의 생태계고 서식지인데 사람이 들어가면 엄청나게 많이 변하잖아요. 그래서 거기에 얼마나 있을지 어떤 삶으로 있을지 전혀 계획하지 않고 들어갔다가 나오게 될 때도 최대한 그 집이 원래 있었던 형태로, 최대한 민폐를 안 끼치고 나오고 싶다는 마음인 거죠. 원래 수리를 잘 안 해요.

구례에서 6년째 지내면서 '사람 동물'과 오래 관계를 맺다 보니까 시간이 지날수록 '관계를 색다르게 맺고 싶다', 그러니까 조금 더 친밀감의 내용과 깊이를 더하고 싶은데 '사람 동물이 정상이라고 생각하는 삶의 방식을 취해볼까?' 하는 타이밍이 지금 온 것 같아요. 지금은 다른 사람들이 제가 기거하고 있는 집을 무서워하고 왜 집을 안 고치냐고 이야기하거든요. 그래서 지금은 그들이 너무 무서워하지 않고 어려워하지 않는 형태로 집을 수리해볼까 생각하고 있어요. 다른 사람 동물들한테 열린 형태의 집 하나를 만들어서 그들이 조금은 안전하다는 느낌을 받을 수 있는 서식지겠죠. 그런 생각으로 집을 수리하려고 해요. 이번엔 집들이도 하고요. 좀 황당하죠?

새로운 시각이라 재밌어요. (웃음) 지리산엔 어떻게 오게 됐어요?

대학을 다닐 때 서울에서 15년 이상 살다가, 서른여섯 정도에 몸도 안 좋아지고 개인 신상에 많은 변화가 있었을 때였어요. 몸이 아팠을 때 '삶을 바꿔야 하는데 어떻게 해야 할까?' 생각하다 서울에 살자니 집세나 사람들이랑 어울릴 때 필요한 돈이 걱정되더라고요. 그리고 서울에선 저답게 하고 싶은 일을 한다기보다는 생활 규모에 맞는 일과 계속 타협하게 되고요. 이런 부분이 한계치에 다다라서 '괴롭고 몸도 고달픈데 꼭 서울에서 살아야 하나?' 생각했어요.

그즈음에 같이 어울렸던 곳 중에 해방촌 '빈집'이라는 청년 대안 공동 주거를 실험하는 공동체가 있었어요. 알게 된 지는 꽤 오래됐는데, 가끔 그곳에서 진행하는 행사에 참여하는 정도였죠. 거기서 나온 청년 대안 주거 아이디어 중에 좋았던 게, '사람들이 집이 없어서 못 사는 게 아니고 이미 비어 있는 공간과 집은 많은데 그게 필요한 사람에게, 적절한 타이밍에 가닿지 않는 것'을 문제라고 본 거예요. 그래서 시스템을 바꾸는 건 어렵겠지만, 내가 그런 집을 찾아 나서면 좋겠다, 그리고 서울이 아니면 그걸 실현할 수 있는 확률이 더 커질 것 같았어요. 혹은 서울이어도 집이라는 공간 안에 옷방이나 자질구레한 걸 넣는 창고 방은 많더라고요. 그런 데서 일주일 정도씩 살면서 돌아다니면 괜찮지 않을까? 내가 위험하지 않다는 것만은 사람들이 안다면요.

처음에는 서울의 아파트들에 비어 있는 방에 일주일씩 사는 걸 했었어요. 어떤 집에 일주일 살다가, 그다음에는 그분이 소개해준 그 옆 동 어느 집에 가서 살고요. (웃음) 또 어떨 때는 어떤 커플이 있었는데 장거리 연애를 하는 레즈비언 커플이었어요. 그분들이 호주에서 6개월, 한국에서 6개월 이런 식으로 번갈아 가면서 사셔서 집이 6개월 이상 비어 있는 상태였는데, 그분들은 다른 사람을 쉬이 들일 수가 없잖아요. 그래서 제 맞춤집이 돼서 세간살이를 두고 몸만 6개월 살았던 적도 있어요. 또 두물머리의 농사짓는 농막에서도 지냈어요. 4대강 사업 반대 투쟁하시던 농부님이 그 투쟁 끝나고 나서 주변 땅을 매입하셨어요. 그때 목수가 필요한 여러 일이 있어서 함께 투쟁했던 친구들과 한 6개월에서 1년 정도 같이 동고동락하면서 작업하고 살았어요. 그러다 우연히 산청에 처음에 가게 된 거예요. 뜻하지 않게 사람들이 저한테 기타나 장구 같은 악기를 주는데 전 그걸 들고 다닐 수가 없잖아요. 원래는 가방 하나만 들고 돌아다녔었거든요. 빈집과 방을 사용하게 해주는 건 제가 세간살이가 없기 때문인데 세간살이가 늘어서 곤란했어요. 이제 이 짐을 놓을 때가 필요한 거예요. 그때 산청 집을 추천받아서 가게 된 게 지리산과의 첫 인연입니다.

흥미진진하네요. 첫 지역살이는 괜찮았나요?

한 1년을 지냈죠. 그 집은 대부분 시골집이 그렇듯이 부모님이 돌아가시고 친척들이 비어 있는 집을 공동 관리하는 식으로 유지했던 곳인데, 제가 풀을 안 벴거든요. 그러니까 되게 싫어하시는 거예요. 자르라고 몇 번 권유하셨는데, 제가 오래 있을 생각이 없고 또 풀을 벤다는 게 그때는 왜… 그게 마음이 아픈지. (웃음) 그래서 1년 후에 나가달라는 요청을 받았죠. 집 관리를 잘할 사람이면 좋겠다면서요. 그런데 이번에는 구례라는 곳에 빈집이 있다고 친구가 알려주는 거예요. 그래서 여기로 오게 됐어요.

독특한 주거형태를 선택하신 것 같아요. 임차료를 내고 싶지 않은 것은 여전히 유효한 마음인가요?

네. 그런데 그 마음은 '내가 돈을 내지 않겠다'보다는 이미 비어 있는 집들이 많은데 필요한 사람이 제때 살면 좋다고 생각했어요. 그게 과하지 않은 선에서 값이 매겨지면 좋겠다는 거죠. 예를 들면 어떤 집에 옥수수가 사는데, 집주인이라고 법으로 명시된 분들이 '내가 이 집을 임대했다는 구실이 필요해서 1~5만 원이라도 주면 좋겠다' 얘기하실 때도 있었거든요. 그런 건 괜찮아요. 어쨌든, 중요한 건 비어 있는 집이 필요한 사람에게 알맞게 가면 좋겠다는 거예요. 그런 방식으로 살고 싶다가 중요한 것 같고요.

사실은 구례에 산 지 2년쯤 됐을 때, 베를린에 한 번 간 적이 있어요. 왜냐면 구례에 오래 있을 수가 없을 것 같았거든요. 당시 분위기가 아파트가 새로 올라가고, 살던 곳에서도 돈을 내라고 할 것 같아서요. 아무튼, 베를린에 '스쾃'하는 데가 있다고 친구가 또 알려줘서요. 스쾃은 비어 있는 건물을 전 세계에 있는 젊은 사람들이 모여서 무단 점거해서 지내는 거예요. 그런데 제가 갔을 땐 거기가 너무 힙해진 거예요. 그러다 보니 그곳 일대에 젠트리피케이션이 엄청나게 일어난 데다 유명인들이나 관광객도 모여드니 그

스쾃을 다 걸어 잠갔더라고요. 앞에 경고문이 적혀 있었어요. '사진 찍지 마, 우리는 관광객이 되거나 삶이 구경거리가 되는 걸 원치 않는다'라고. 제가 끼어들 자리가 없어서 다시 구례로 돌아왔어요. (웃음) 이후로 여기 계속 주저앉게 됐다는… (웃음)

저는 언젠가 수수님의 노래 공연을 봤었고, 작년엔 구례에서 퍼머컬처에 대해서 설명하는 수수님도 봤어요. 그동안 어떤 활동을 해왔고, 또 하고 계세요?

도시에선 세상 사람들이 허락한 직장 형태의 활동을 했죠. 그래서 기지촌의 성매매 여성들, 아이들과 함께하는 일도 했었고, 성소수자 인권단체에서 일하기도 했고요. 대학 전공 관련돼서 프로젝트 단위로 미술 전시나 기획 같은 일도 하고요. 또 성폭력 상담소나 다른 여성단체들이 '스피크 아웃Speak out' 같은 생존자 말하기 대회를 기획할 때 PM 역할, 또 연구 용역 사업의 보조연구원 역할, 이런 걸 했어요. 주로 도시에서 가능한 일의 형태들을 하면서 지냈죠.

지금은 제 생각에는 '활동'을 한다는 생각은 별로 없고, 이 시대에서 '사람 동물'로 사는 내 고유의 방식을 만들어 간다고 여기고 있어요. 그걸 사람들이 '활동'이라고 부를 때도 있고 어떤 사람은 '노래', '예술가'라고 할 때도 있고요. 예술가는 제 생각에도 웃기지만요. 그럼에도 자기 각자의 삶의 렌즈 안에서 해석한 형태로 말씀해 주시면 그것도 맞는 것 같고…

활동이라고 하기에는 진짜 '활동가'들이 보기에 저는 무책임해 보이고 너무 문어발식이라고 (웃음) 보일 수 있을 것 같아서요. 피켓을 들기도 하지만, 그건 그냥 내가 살아가는 모습을 충분히 녹여내서 다채롭고 재미있게 표현한 것일 뿐이에요. 특별히 계몽 계획이 있거나 (웃음) 이상을 현실화하는 건 아니에요. 잘 못하기도 하고요.

'활동가'라는 단어의 범위가 더 확고해지고 있는 것 같아요. 저는 어떤 방식이건 일상에서 이루어지는 대부분의 연결 행위가 활동이라 생각하고 있어요. 특히 수수님은 자기 삶뿐만 아니라 나와 연대해 있는 다른 존재와 함께하는 삶의 방식을 지향하는 것 같네요.

저는 여성으로 살았기도 했고, 레즈비언 정체성도 있었고, 지금은 뭐가 뭔지 잘 모르겠는… (웃음) 그리고 어느 폭력의 생존자일 때도 있었고, 비정규직 특수고용직 노동자이기도 하고, 또 가족 중에는 장애인도 있었고, 친구 중에 HIV 감염인도 있었고… 이런 게 다 저의 삶에 연결돼 있고 이어져 있으니까요. 그런 부분 말고도 지리산에 오니 다른 존재가 훨씬 가깝게 오는데… 그걸 투사라고 해야 할까요? 제가 길 위에서 혼자 자고 이랬던 경험들도 있어서 그런지 로드킬 당한 동물을 보면 남의 일로 생각되지 않더라고요. 도시에 있을 때는 주로 '사람'이라고 하는 것, 종의 제일 끝에 있는 '포식자로서의 인간'의 위치가 강화되고 그것이 자연화되는 것 같아요. 그런데 지역에서 지나온 시간 속에서는 제가 동물로 위치 지어지는 경우가 많고, 또 동물 간에 연대하거나 이어지는 기회들도 많아요. 여기 와서는 도시 살았을 때보다 연결성에 대한 응답, 요구, 질문이 많아진 것 같긴 해요.

지역에서 지내면서 경제 활동은 어떻게 하고 계세요?

예전에 돌아다닐 때는 직업을 구할 수가 없었고, 직업을 구하고 싶지도 않았어요. 그러면 약속을 하고 똑같은 장소에 똑같은 시간 매일매일 가야 하는데 저한테는 하루도 답답하지 않은 적이 없었거든요. 그래서 어떤 걸 했냐면, 쓸데없는 짓 같아 보이긴 하는데 (웃음) 길을 가다가 주운 쓰레기 종이에 시를 적었어요. 그래서 10개가 모이면 시집으로 묶어서 작은 장터에서 팔았어요. 그리고 읽어주는 서비스까지 하면 돈을 더 받는 거죠. (웃음) 친구들한테 작은 장터가 열리는 날을 물어보고 체크해서 나갔어요.

먹는 건 주변 사람들에게 의지해서 해결할 때도 있었는데, 제가 특정 대상에게 혐오의 대상은 아닐 정도의 정상성은 가지고 있더라고요. 말을 또박또박할 수 있고, 말귀도 알아듣고, 미술이나 음악 얘기를 하고 싶어 하는 분이 있으면 말대답도 잘하고 (웃음) 잘 놀아주고 이러니까 그분들이 저에게 한 끼 식사 정도는 사주셨어요.

아, 그런데 가장 제안이 많이 들어오는 건 노래였어요. 처음에는 제가 노래할 생각을 안 했는데, 노래하니까 먹을 것도 주고 재워도 주고 (웃음) 심지어 악기를 주는 거예요. 그래서 기타를 세 번이나 받았어요. 노래하는 횟수가 많아져서 4~5년이 지났을 땐 노래를 하면 돈을 주겠다는 데가 생겨서 그 뒤부터는 노래해서 돈을 벌었어요.

저도 노래를 통해서 수수님을 알게 됐는데 노래와 만나게 된 이야기를 듣고 싶어요.

바람을 좋아해요. 강물도 좋아하고요. 그 안에서 노래를 처음 만난 것 같아요. 이야기를 싣고 어디론가 흘러가는 바람이나 강물의 노래는 언제 들어도 좋아요. 아름다우니까 따라 하고도 싶고요. 10여 년 전에 한강을 떠난 이후에 더 그렇게 된 것 같아요. 지금은 사람, 동물, 공간 속에서도 노래를 만나요. 아름다운 이야기들을 노래로 길어 올리는 게 저한텐 큰 위로가 돼요.

직장 다니는 건 하루하루 답답하지 않은 적이 없다고 하셨잖아요. 그런데 좋아하는 일도 돈 때문에 하면 힘들더라고요. 수수님은 어땠어요?

사람들은 사회적으로 정한 일의 범주와 형식대로 누군가에게 몇십만 원에서 몇백만 원의 돈을 규칙대로 줘야 한다는 것에 대해 억압적으로 생각하고 있더라고요. 자기가 자율적인 결정권이 없다는 것에 대해서요. 저도 그걸 느껴서 힘들었던 거고요.

그런데 시를 쓴다는 건 그 시를 지어서 줄 때 그 사람들과 상호 협상을 하게 돼요. 제가 그 시를 적으면서 썼던 돈은 아니라도 시를 쓰기 위해서 소요된 비용, 그러니까 '배고파서 이걸 쓸 때 김밥을 한 줄 먹었고, 이 종이를 주우려고 어디를 돌아다녔고' 이런 얘기를 하면서 내가 필요한 돈은 지금 얼마니까 당신은 나한테 그 돈을 주면 된다고 이야기해요. (웃음) 그랬을 때 사람들은 어처구니없다고 생각하기보다는 재밌어하는 것 같아요. 일종의 퍼포먼스처럼 생각하는 것 같기도 했고요. 그래서 그게 스트레스는 아니었어요. 웃기고, 즐겁고, 해프닝 같기도 하고. 그때 경험이 좋았어요. '시장 안에서 무엇인가를 거래한다는 게 관계 방식의 하나이지, 돈 자체는 목적이 아니구나'라는 게 재미있었거든요. 그래서 오일장에서도 거래 행위를 관계 방식의 하나로 생각하니까 훨씬 좋더라고요. 우리가 교환하는 행위는 돈이 매개일 뿐이지, 이것에 대한 주도권은 당신과 내가 충분히 자율적으로 결정할 수 있는 부분이 있다는 거예요. 그 돈의 규모가 아주 크지만 않다면 그 틈새에서 우리가 재량권을 발휘할 수 있는 게 있더라고요. 그래서 재미있었어요.

구례에서 공동으로 '퍼머컬처Permaculture, 지속가능한 농업' 방식의 농사도 짓고 계셨어요. 퍼머컬처에 대해서, 그게 무엇이고 왜 필요한지 수수님의 활동과 엮어서 설명해주실 수 있나요?

관계들은 계속 변해가요. 그렇게 계속 변해가는 관계들을 받아들이고 새로운 방식과 문화로 만들어 가는 놀이가 퍼머컬처라고 생각해요. 생명이니까… 요즘 맞닥뜨리는 한계와 변화 가능성에 열려있으려고 여유와 유머, 용기를 가지도록 해주는 관계나 우정, 사랑, 돌봄, 친밀감 같은 감각을 훈련하는 것이 절실한 시절이라고 느끼거든요. 저는 퍼머컬처를 통해 그런 걸 배워 가는 것 같아요.

수수님이 이렇게 다양한 분야로 활동하는 이유가 있나요?

노래와 기도, 춤과 의식, 죽음과 음식이 뒤섞여 있는 굿을 보고 있으면 온갖 모순으로 보이는 삶의 모습이 거부감 없이 받아들여질 때가 있어요. 웃기면서 동시에 슬프고 명치가 찌릿하게 아프기도 하고… 그 속에 아름다운 무언가가 뒤섞여 있는 순간들이 일상으로 닥쳐오는데, 그때마다 솔직하고 싶은 마음뿐이에요. 보기엔 다양한 분야의 활동을 하는 것 같지만, 저는 그냥 저에게 필요한 일을 하는 것뿐이죠. 자연스러운 원래대로의 내 삶.

이야기를 나눌수록 수수님에게 더 궁금한 것이 많이 생기네요. 우리 사회에 만연한 혐오를 어떻게 연대의 에너지로 전환할 수 있을까요?

혐오가 심어지는 순간, 공간에 대해 생각해 봐요. 저도 혐오하는 무언가, 존재가 있고요. 그런데 그건 혐오 표현을 하거나 혐오 감정을 드러내며 실천하는 개개인의 문제로 이야기되는 건 한계가 있는 것 같아요. 그것보다 우리 스스로를 혐오하게 만들고 그 분노를 타인에게 향하도록 하는 힘과 사회적인 장치들에 대해서 용기를 내어 목소리를 낼 때, 시혜를 넘어서는, 솔직한 연대의 에너지가 생겨날 수 있다고 생각해요.

혐오를 비롯한 대부분의 사회 문제는 시스템이 그것을 장려하는 데서 발생한다고 생각해요. 예를 들면 도시의 '성장 신화' 같은 거죠. 그렇다면 수수님이 생각하는 '대안'의 방식은 어떤 것인가요?

도시살이에도 다양한 삶들이 있잖아요. 그 어려움들이 무엇인지 전 알지 못해요. '성장의 신화'를 쫓고, 그걸 사회가 장려한다는 것은 어떤 삶의 모습일까, 슬프고 고통스럽고 마음 아프기만 하진 않겠죠. 도시로 향하는 이들이 열망하는 것들 속엔 아름답고 소중한 무엇도 섞여 있을 거예요. 그런 아름다움을 지켜나가는 힘을 '연결'로부터 얻을 수 있길 바랄 뿐이에요.

수수님은 어떤 사람이 되고 싶다는 상상이나 욕구가 있나요?

그럼요. 최근에는 '성 다양성 축제'에서 드래그 킹Drag king을 한다 했었는데… (웃음) 다른 공연이 있어서 이번은 안 되겠구나 생각했어요. 그거 말고는 아주 가까운 미래에 어떤 사람들을 만났을 때의 상상, 아니면 길을 가다가 어떤 상황을 마주할 때에 상상을 하고, 제가 무엇이 된다거나 어떤 곳에 있다거나 하는 생각은 안 하는 것 같아요.

그렇다면 수수님은 앞으로 어떻게 살아내고 싶은가요?

지금처럼 살아가도 괜찮고 싶어요. 다른 존재들에게 무해하고도 재미있는 사람 동물로.

기후위기, 재난의 시대
우리 지역·동네는
구례는
준비하고 있나요?
<구례기후위기행동>
나의

따개비

불안으로부터 존재하기

"

내가 어떤 모습이어도 괜찮다고
스스로에게 말할 수 있게 됐어요.
정말 어떤 모습을 해도
상관없는 것 같아요.

"

불안으로부터 존재하기

따개비(남원)

송현

따개비님은 자유롭게 생활하다가 최근에 회사에 취직했다고 들었어요. 어떻게 다시 직장생활을 선택하게 되셨어요?

따개비 회사를 다녀야겠다고 생각했던 건 고정적인 돈이 필요해서예요. 제가 올 한해 정말 잘 놀았어요. 그러다 연말에 이사하고, 새로운 차도 생겼는데 노느라 모아둔 돈이 다 떨어지니까 돈이 필요하더라고요. 앞으로의 삶을 위해 일을 구한 거죠.

시골에 온 젊은 사람들은 대부분 직장생활을 선택하지 않아서 여쭤봤어요. (웃음) 다른 방식으로 수익을 버는 사람도 있잖아요.

저도 첫 직장 그만두고 나서 여름 동안 펜션, 포도 농장, 영상 아르바이트를 했었는데 그런 돈은 생활비로 다 나가더라고요.

꾸준히 할 수 있는 일도 아니었고요. 그래서 고정적인 월급을 받으면서 일상을 안정적으로 꾸려갈 수 있는 일이 필요했어요.

안정감이 필요했던 거네요. 올해는 휴식하면서 주로 영상으로 활동했었죠? 영상에는 어떻게 관심을 가지게 된 거예요?

귀촌해서 몇 년 있다가 마을에 있는 매장에서 일하게 됐는데요. 오래 알고 지낸 사람이 없는 곳에서 시작한 일이어서 그런지 원래 제 성격보다 더 친절하고 활발하게 활동했었어요. 좀 잘 보이고 싶었나 봐요. 그런데 코로나19 이후에 '내가 왜 이렇게 무리하면서까지 일해야 하지?' 하는 생각이 들었어요. 그때 저는 가족들이 많이 보고 싶었고 걱정됐거든요. 부모님 집에서 제가 사는 남원까지 대중교통으로 다섯 시간이 걸려요. 쉽게 만날 수 없는 거리인데 제가 모르는 사이에 아빠가 코로나에 걸리진 않을까 하는 불안이 컸었어요. 아빠가 폐 기저질환이 있거든요. 이런 생각이 깊어지다 보니까 출근하는 게 너무 힘들었고 마침 일터에서 부정적인 감정이 많이 생겨서 일을 그만두게 됐죠.

그즈음에 이길보라 감독의 《반짝이는 박수소리》랑 이소현 감독의 《할머니의 먼 집》을 좋아해서 몇 번이고 봤는데요. 그걸 보고서 제 부모님 이야기도 영상으로 담고 싶다고 생각했어요. 그분들이 어떻게 살아왔는지, 요즘은 뭐하며 지내는지를 다큐멘터리로 만들어내는 게 '지금 꼭 해야 한다'라는 사명처럼 다가왔어요.

언젠가 부모님이 나를 떠날 것이고, 어쩌면 내가 먼저 부모님을 떠날 수도 있고요. 그럴 때 이 다큐멘터리가 서로에게 위로가 되어줄 거라고 생각해요. 그때 이 영상을 남겨놓길 잘했다고 생각할 것 같아요.

부모님 얘기는 영상 아니었으면 깊이 있게 듣지 못했을 것 같아요. 부모님 얘기를 들으니 어떠셨나요?

처음엔 제가 왜 촬영하는지 잘 이해하지 못하셨던 것 같아요. 그래서 계속 허락을 받아야 했는데, 인터뷰를 통해서 충분히 얘기하고 나니 엄마가 자신을 기록하는 것 자체가 좋다고 얘기하셨어요. 제가 효도하는 것 같다고도 하고요. (웃음) 엄마가 좋아하니까 저도 의미 있었어요.

그러면서 새롭게 알게 된 부분은 생각보다 엄마가 인터뷰를 잘한다는 거예요. 엄마는 서슴없이 자신의 이야기를 하고, 아빠는 계속 인터뷰를 피하는 바람에 어려웠는데 최근에 퇴직을 앞두고 마음이 뒤숭숭하셨는지… 잘 인터뷰해주셨어요. 저는 과거를 말할 때 '후회'가 주된 감정인데, 부모님은 삶의 설움이나 고난을 많이 흘려보낸 사람으로서 담백한 대화가 담긴 것 같아요.

기대가 되네요. 앞으로 영상 관련해서 더 하고 싶은 건 있나요?

최근에 '나의 몸과 나의 고통과 슬픔' 이와 비슷한 주제의 글쓰기 모임에 참여했어요. 모임이 끝나고 생각해 보니 이젠 제 감정을 글로 표현하는 걸 예전만큼 좋아하지 않는다는 걸 알았어요. 일기를 정말 오래 써왔는데도 글쓰기를 좋아하는 건 아니더라고요. 몇 년 전부터 느끼긴 했는데 그래도 쓰면서 해소되는 게 있으니까 썼던 거죠. 지금 제 상태에 맞는 해소 방식은 아니었어요.

그래서 오늘은 핸드폰으로 일상을 짧게 촬영해봤거든요. 이렇게 짧게라도 남겨보는 일이 재밌겠다고 생각했어요. 생각이나 마음을 글로 적거나 표현하지 않더라도 내 하루하루는 이어지잖아요. 글로 감정을 남겼을 때의 외로움, 아픔, 고통 같은 구렁텅이가 있는데 영상에서는 담담한 나의 일상을 기록할 수 있다는 게 좋았어요.

일기를 오래 썼다고 하셨지만, 금방 버린다고 들었어요. 그것도 비슷한 맥락일까요?

어떻게 아시죠? (웃음) 중학생 때부터 꾸준히 일기를 썼어요. 우울하거나 침잠하는 감정일 때, 또는 고민이 있으면 사람에게 말하기보다는 글을 쓰는 것으로 마음을 비웠는데, 몇 페이지 정도 펜으로 갈겨쓰다 보면 생각도 좀 비워지고 가벼워질 때가 있어요. 그렇게 습관적으로 글을 쓰곤 했는데 권수가 늘어나서 책장에 일기가 대여섯 권 있으면 왠지 글로 쓴 우울만이 저인 것 같아서 보고만 있어도 울적했어요. 요즘은 예전에 버린 글들이 궁금하긴 한데, 그때의 저나 지금의 저나 똑같은 사람이니까 다 제 마음에 있다고 생각하기 때문에 버린 건 후회하지 않아요.

반면에 영상은 정말 보통의 일상을 기록하더라도 감정이 덧씌워지지 않겠어요.

영상은 그냥 제가 걸어 다니는 것, 바라보는 것들, 날씨, 저의 행동, 사람들… 뭐 그런 걸 담아내니까 담담한 것 같아요.

따개비님은 손으로 무언가를 만드는 일을 오래 하셨죠? 그런 데서 에너지를 얻는 편인가요?

손으로 만드는 걸로 저를 표현하는 게 좋았던 것 같아요. 저는 꼼꼼하게 만드는 편이에요. 목도리를 짜도 작은 실수가 있으면 다 풀고 처음부터 다시 짜요. 처음 뜨개질을 했을 때는 스무 번도 풀고 다시 짰어요. 그다음부터는 절대 실수 없게, 완벽하게 하려고 했고요. 그래서 옷 같은 난이도 있는 뜨개질은 시도도 안 했어요. (웃음) 분명 실수할 거고, 분명 풀 거니까. 자수도 꼼꼼하게 하는 편인데, 그렇게 완성된 모습을 보면 제가 꼼꼼한 사람, 빈틈없는 사람, 쓸모있는 걸 만드는 사람으로 표현되는 느낌이었어요.

그러다 보니까 집중을 너무 많이 해서 오래 할 수 없더라고요. 요즘은 잘 안 하기도 하는데… 생각해 보면 그것 말고는 나를 표현할 방법이 없던 것 같아요. 그때는 꼼꼼함으로 표현되는 게 좋았나보다 싶고… 지금은 예쁜 걸 봐도 만들고 싶다는 마음은 안 들어요.

만드는 욕구를 해소할 만한 다른 창구가 생긴 건가요? 아니면 해소할 필요가 없어진 상태가 된 건가요?

만드는 일 자체가 쓰레기를 많이 만들어요. 저는 필요한 것만 갖고 싶은데 뭔가를 만들면 자질구레한 쓰레기가 나왔거든요. 감당하기 어려울 정도로요. 게다가 하나의 관심사만 있던 게 아니어서 재료도 아주 다양했어요. 작년부터 하나씩 정리해서 지금은 뜨개바늘만 남았는데 이것도 언젠가는 정리할 것 같아요.

그리고 만드는 일에 매몰되어서 '해야지!', '이걸 만들어야지!' 하는 마음도 편하지 않았어요. 예를 들어 공책을 만든다고 하면, 공책 재료가 준비돼있어도 정작 만들지 않는 게으른 나 자신이 있는 거죠. 심지어 그걸 만들지 않더라도 재료는 가지고 있어도 괜찮은 거잖아요? 그런데 저는 계속 물건을 비우고 싶어 해서 나중엔 결국 필요한 사람들에게 재료를 나눠주더라고요. 그러다 보니 만드는 일에는 점점 흥미가 떨어졌어요. 재밌게 한 적이 없는 느낌이랄까… 프랑스자수, 화장품, 공책, 옷도 틈틈이 만들었는데 지금은 꾸준히 이어갈 만한 흥미가 없어요. 그래도 아쉬워하지 않고 언

젠가 다시 하겠지 싶어요. 요즘은 '탑다운 스웨터'를 만들어보고 싶은데 이 마음만 3년째에요. (웃음)

예전에 따개비님이 '여러 방면으로 얕게 하고 싶다'라는 말을 했었는데 그 말과도 비슷한 의미인가요?

지금까지의 저를 봤을 때, 글 쓰는 것 말고는 꾸준히 가져온 게 없어요. 글쓰기는 준비물과 마음가짐이 간결해서 어디서든 쓰면 되거든요. 그리고 공부하는 걸 별로 안 좋아하다 보니 이것저것 관심사는 많은데 전문적으로 할 마음은 없어요. (웃음) 뭐든지 초·중급 수준에서 머물러 있길 좋아하고 한 번도 중·상급을 욕심낸 적은 없는 것 같아요. 자분자분 편하게 하고 싶은 마음에서 '여러 방면으로 얕게 하고 싶다'라는 말을 했었어요.

꼼꼼하다는 것은 생활에도 적용되나요?

그렇죠. 제가 생활을 꼼꼼하게 관리하기 위해서 항상 물건을 적게 유지하려고 해요. 모든 물건에 있어서 지금 이걸 왜 쓰고 있는지, 꼭 필요한지 같은 걸 항상 생각하거든요. 이게 피곤하긴 한데 제가 가진 물건이 저에 비해 너무 버겁다고 생각하면 일상에서 힘들게 느껴지더라고요.

'나에 비해 버거운 물건'이라는 건 어떤 의미인가요?

정리하지 않으면 자칫 쉽게 버겁다고 느끼는 물건 중 하나가 책과 옷인데요. 책은 몇 년 전부터 책장 한 칸에 들어가는 양 정도만 남겨놓고 다 비운다는 약속을 정했어요. 그 이상 필요하지도 않고, 그 이하는 좀 헛헛해서 책장 한 칸이라는 공간을 정했는데, 이게 꽤 마음에 여유를 주는 것 같아요. 아마 집에 있는 큰 책장에 제 책이 온통 꽂혀있으면 숨 막혔을 것 같아요. 보고 싶은 책이 있으면 도서관에서 신청하면 되고 또 도서관에 가면 관심사가 아니었던 책도 의외로 재밌어서 빌려 읽게 되잖아요. 굳이 소유하지 않아도 읽을 수 있는 거니까, 그게 간편한 것 같아요. 옷도 제 양팔 길이 정도 되는 행거에 사계절 옷이 다 들어있어요. 빈티지 숍이나 순환 옷가게에서 옷 사는 걸 좋아해서, 잘 안 입었던 걸 나누고 새로운 스타일로 채우면서 행거 하나 정도의 양을 유지하고 있어요. 그래서 저에겐 책장 한 칸, 행거 하나 정도의 옷이 버겁지 않은 양이에요.

사람들이 따개비님을 다가가기 편하고, 정감 있다고 느끼는 것 같아요. 본인만의 장점이 있나요?

그건 사람마다 다른 것 같고, 저를 불편해하는 사람도 분명 있어요.

편하게 다가간다는 건 그만큼 그 사람에게서 상대방을 편하게 받아들일 수 있는 아우라가 있는 거라고 생각해요. 제가 가지지 못한 성향인데 따개비님에겐 느껴져서요.

제가 편하게 만날 수 있는 사람이 있고, 만나기 어려운 사람이 있어요. 그 둘의 차이를 최근에 알게 됐는데, 편하게 만날 수 있는 사람은 '저보다 덜 나대는 사람'이더라고요. (웃음) 편하게 만나기 어려운 사람은 저보다 액션이 큰 사람, 저보고 왜 조용하냐고 하는 사람인데 만날 때마다 정말 힘들어요. 처음부터 저를 규정해버리는 사람과는 친해지기가 어려운 것 같아요. 반면에 그런 편견이나 판단 없이 얘기하는 사람과는 잘 지내는 것 같아요.

시골 생활 이야길 해볼게요. 시골에 온 지 어느덧 4년이 넘었다고 알고 있는데, 예전부터 시골에서 살 생각이 있었나요?

내려오겠다고 마음을 먹고 실천하게 된 계기는, 제가 도시에서 살면서 어려움이 있었어요. 뭔가 잘 풀리지 않는 느낌. 앞으로 뭘 하고 살아야 하는지, 진로에 대해 고민이 많아져서 내려오게 됐어요. 또 채식을 시작하고 나서는 순환하는 삶의 과정으로써 농사에 관심이 생겼어요. 제가 생각했던 생태적인 삶에 가장 가까운 건 시골이었죠.

도시에서는 어떤 삶을 살고 있었나요? 몸이나 마음 상태는 어땠어요?

내 인생을 책임진다거나, 하고 싶은 일을 주체적으로 할 수 있는 마음이나 상황은 잘 안 됐어요. 스스로도 당장 뭘 하고 싶은지 몇 년 동안은 찾기 힘들었죠. 하고 싶은 일보다는 주로 '해야 하는 일, 남들이 하는 잘 되는 일'에 시선이 갔기 때문에 입시 공부를 오래 하다 실패했고, 계약직이나 여러 아르바이트를 전전하면서 생활했는데 거기서 오는 불안감이 컸어요. 그래서 시골에 오기 바로 전엔 과호흡이 왔고, 약을 먹고는 약 부작용이 생겨서 과호흡이 더 심해졌어요. 계속 새벽에 일어나서 구토하고 숨도 잘 못 쉬는 상태였어요. 그러면서 '이 삶은 아니다', '마음대로 살고 싶다'고 생각하면서 시골에 사는 사람들을 찾아다녔어요.

너무 힘든 과정이었겠어요. 시골로 이주했던 게 처음 가족으로부터 독립한 순간이었잖아요. 용기가 필요했을 것 같은데, 따개비님이 시골 생활에서 바랐던 게 있나요?

안정감이 절실했어요. 도시에선 제 경력이나 학력으론 원하는 일을 구하기 힘들었고, 일한다 해도 제가 꾸준히 다닐 수 있는 일은 아니었어요. 그때는 오래 바라볼 수 있는 일을 해야 한다고 생각했어요. 그래서 자격증 준비하고 직장을 구하려고 했는데 그게 잘 안됐거든요.

그렇게 미래에 대한 불안이 켜켜이 쌓여 있었는데 시골로 오면서는 안정감을 원했던 것 같아요. 그런데 실제로 시골에 오니까 아무 연고가 없는 새로운 관계와 공간이 굉장히 불안정한 환경인데도 동시에 안정적인 마음을 느꼈던 것 같아요.

환경이 생소해서 불안이나 안정을 느낄만한 여유가 없었던 걸까요?

제가 처음 시골 생활을 경험한 게 숙식이 제공되고 어느 정도 기반이 있는 공동체였어요. 그때 만난 분들이 다정하고 좋았어요. 거기서 오는 편안함이 있었고 어떻게든 여기서 살 수 있을 것 같고. 여기에서 앞으로 뭘 하게 될지도 몰랐기 때문에, 그냥 이렇게만 지내도 상관없겠다고 생각하면서 살았어요.

그렇게 시골로 오고 나니 어떤 변화가 가장 크게 다가오던가요?

예전보다 사람들이랑 잘 얘기하게 된 것 같아요. 어려움이 좀 덜어졌다고 할까. 원래 친한 사람이 아니면 오래 말하는 걸 힘들어했어요. 말을 잘 안 하는 편이었거든요. 그런데 여기 와서는 적당히, 스스럼없이 말하게 됐어요. 나이가 들어가면서 그렇게 된 것일 수도 있고요. 또 제 느낌엔 귀촌하는 사람들의 성향에서 도시에서 만난 적 없는 강함을 느끼는데, 그걸 만나다 보니까 저도 덩달아 강해진 느낌이에요. 내적으로 자기주장이 생긴 거죠.

그리고 제가 잘 못 하는 게 일과 생활의 분리거든요. 잘 보이고 싶은 마음, 잘하고 싶은 욕심이 있어서 일터에서 스트레스를 많이 받고 그 스트레스를 집으로 가져오는데 요즘은 그러지 않으려고 노력해요. 시골에서 살게 되면서 삶에 다양한 것들이 있다는 걸 경험하니까 일만큼이나 제 일상도 잘 살피고 싶어요. 요즘은 쉬는 날 누워서 영화 보는 게 전부인데 이런 모습의 여유로움도 꽤 좋은 것 같아요.

시골살이가 스스로에게 잘 맞는다고 느껴진다면 어떤 부분일까요?

일단 뭐든지 만만하다는 거예요. 출근할 때 옷차림새만 해도 지금은 평소에 입는 대로 그냥 입는데, 도시에서 일할 때는 빼입고서 강박적으로 피부화장을 했었어요. 근데 지금은 머리 안 감으면 안 감은 대로 모자 쓰고, 세수 안 하면 안 한 대로 눈곱만 떼고 가요. 또 아침에 최대한 오래 자다가 출근하는데 이런 것도 여유롭고 만만한 것 같아요.

시골에 온 지 얼마 안 됐을 때는 모든 게 새로운 데도 이미 알고 있는 것처럼, 배운 사람처럼 보이고 싶은 마음이 있었어요. 요즘은 모르면 모르는 대로 가만히 있거나 모른다고 말해요. 그런 말을 하게 된 것만으로도 여유가 생긴 거예요. 부족한 게 있어도 그것에 대해서 딱히 부족함을 느끼지 않는 것 같아요.

지금은 시골에 살면서 많은 것이 만만해져서 편안해요. 어쨌든 제가 원하는 삶에 가깝게 왔거든요. 게다가 도시와 단절된 산간지역에 살아서 그런지 부족한 게 있어도 이 정도로 충분하지 않나,

이런 생각으로 만족하면서 지내요.

자신을 너그럽게 봐주면 다른 사람의 시선으로부터 더 자유로워질 것 같아요. 그럼 시골에 살아서 안 좋은 점도 있어요?

여기선 저와 사이가 안 좋은 사람이 생겨도 얼굴을 안 보기가 어려워요. 도시에서 맺은 관계에선 제가 단절될까 봐 불안했는데, 여기 와서는 오히려 단절할 수 없는 게 힘들었던 아이러니한 상황이 있어요. 이런 게 사람 사는 세상이구나 하고 배우기도 했고요. 그래서 예전에는 연락도 안 하고 숨었는데, 요즘은 가끔 표현해요. 여기 와서 많이 변했어요. 여전히 그렇게 말하려면 몸을 덜덜 떨어야 하지만요.

또 한 가지는, 최근 겨울 동안 정말 많이 먹었단 말이에요. (웃음) 허기가 계속 풀리지 않는 느낌이었어요. 근데 한 번은 부모님 집에 다녀왔는데 아침부터 점심까지 아무것도 안 먹어도 허기가 안 지는 거예요. 그제야 내가 지금까지 안정감이 없었다는 게 느껴졌어요. 다시 시골집에 와서는 배고파서 먹는 건지 아닌지 알아차려 가면서 먹고 있는데, 제가 원하는 안정감이 실제로 뭔지, 꼭 가족들이 있어야 채울 수 있는 것인지에 대해서는 계속 고민하고 있어요.

따개비님이 바라는 안정감은 어떤 거예요?

안정감은 제가 계속 시골에 살면서 바라왔던 건데, 그동안 너무 바쁘게 살았고 주변에 사람들도 많으니까 일도 많았어요. 정신없이 지내느라 제가 뭘 원하는지 그걸 제가 잘 채우고 있는지 제대로 못 느꼈던 것 같아요. 최근에 한적한 동네로 이사하면서 여긴 저를 아는 사람이 없고, 저만 생각할 수 있게 되면서부터 내가 안정감을 원하는구나, 알 수 있었어요. 그간 먹는 것으로 그 안정감을 채우려고 했던 것 같고요.

귀촌하고 2년쯤 지나서 향수를 느꼈는데요. 그때 시골에서 부모님과 같이 살거나, 같은 동네에서 지내는 제 또래의 사람들을 보면 부러웠어요. 지금도 부럽긴 해요. 부모님 집에서 나왔을 때 해방감도 있었지만, 몇 년 안 가서 가족들과의 일상이 그립더라고요. 많이 좋아하고 있었다는 걸 여기 와서 알게 됐어요. 매일 걱정하고 보고 싶은 사람들을 가까이에서 볼 수 있을 때 안정적이라고 느끼는 것 같아요. 그리고 이렇게까지 멀리 오지 말 걸 그랬다고 찡찡거리기도 해요. 지금까지 잘 지냈으면서요. (웃음)

따개비님은 여기에서 오랫동안 삭발 헤어스타일을 유지했죠. 삭발은 어떻게 하게 됐어요?

가볍게 '삭발하면 어떨까?' 상상했었어요. 제가 뭐든 비우고 싶고 가벼워지고 싶은 성향이라서 궁극적으로는 제 몸만 남은 상태를 바라는데, 머리카락이 없는 것도 늘 꿈꾸는 모습이었어요. 시골에 처음 왔을 때 마을에 스님들이 많이 계셨고 삭발한 농부님도 계셨으니 삭발한 머리를 많이 접했던 거죠. 근데 그분들은 종교인이었고 비종교인의 삭발한 여성은 없었어요. 삭발한 남자분들을 보면서 부러워하다가, 한겨울에 매장에 있는데 저랑 나이가 비슷해 보이는 손님이 오신 거예요. 그 순간을 또렷하게 기억해요. 그 분이 "여기 잠깐 앉아 있다 가도 돼요?"라고 물어보셔서 제가 있다 가시라고 하니까 앉아서 모자를 벗었는데 삭발한 머리인 거예요. 그분이 종교인인지 아닌지도 몰랐는데, 말갛게 삭발한 모습이 너무 제가 바랐던 이미지라서 저도 덩달아 삭발하고 싶다는 욕구가 확 올랐어요. 그분을 다시 만나고 싶었는데 마침 같은 동네에 살게 돼서 친구가 됐고 머리카락을 밀어달라고 부탁했어요. 그 친구가 사용하던 바리캉으로 머리카락을 밀고 솔잎으로 잔털을 털어냈는데 너무 산뜻하고 좋은 거예요. 또 다른 친구가 따뜻한 매실차도 내줬고요. 그렇게 자르고 나니까 제가 정말 큰 용기를 냈다는 생각에 많이 두근거렸어요. 진짜 내가 하고 싶었던 일을 했다는 느낌, 새로운 나를 만난 느낌이었던 것 같아요.

저는 여성으로서 '내가 삭발할 수 있을까?' 하는 질문을 스스로 많이 했었는데 그 친구 말고도 매장에서 삭발한 중년 여성을 두 분인가 만났어요. 그분들은 누군가의 어머니일 수도 있고, 정말 오랜 세월 여성으로서의 정체성을 가지고 살아온 사람일 텐데, 긴 머리카락이 아닌 깔끔하게 밀어낸 모습이 정말 자유로워 보였고 그 분들처럼 되고 싶다는 생각을 자주 했었어요.

사실 저는 이 질문이 불편하기도 해요. 따개비님이 남성이었다면 왜 삭발했는지를 질문으로 건네지 않았을 테니까요. 그럼에도 이걸 계속 말하는 게 중요하다고 생각해요. 삭발하고 나서 주위의 시선은 어땠나요?

어떤 분들이 "그래도 여자가 그러면 안 된다. 너무 안 예쁘다"라거나 "나는 저런 거 별로 안 좋아해"라고 말씀하시더라고요. 근데 삭발한 이후에 제 마음가짐이 달라진 게, 예전에는 누가 제 모습이 마음에 안 든다고 하면 그 사람 앞에선 약간 기죽어있었는데 삭발은 어쨌든 제가 하고 싶어서 한 일이기 때문에 제 헤어스타일을 안 좋아한다는 말을 들어도 상관없었어요. 그런데 저렇게 말하는 게 예의 있는 건 아니잖아요. 본인이 들어도 좋은 말은 아닐 텐데 다른 사람 앞에서 말하는 걸 보면 참 생각 없는 사람이다 싶기도 하고요. 또 어떤 사람이 저한테 "멋있다!" 하면 그렇게 말할 수 있는 그 사람이 되게 용기 있다는 생각이 들고, 그 사람의 말도 멋있다는 생각이 드는 거예요. 그러면서 마음이 홀가분해진 것도 있었어요.

요즘은 누가 저에 대해 마음에 든다, 안 든다 말을 해도 '마음대로 생각하세요' 이렇게 흘려들어요. 저는 누군가의 판단에 영향을 크게 받았던 사람이었기 때문에 삭발하면서 이런 부분들이 많이 변한 것 같아요.

삭발은 정말 용기가 필요한 일이라 시골이라서 가능한 부분도 있었을 것 같아요. 도시에서는 어쩌면 힘들지 않았을까요?

그렇죠. 올해 초에 영화 배우느라 도시에서 잠깐 살았어요. 그땐 계속 모자를 쓰고 다녔는데 '지금 모자를 벗었을 때 사람들이 나를 어떻게 생각할까?' 이런 걱정을 많이 했었어요. 한편으로는 그냥 아무렇지 않게 벗고 싶다는 생각도 했고요. 그런데 결국 모자는 벗지 않았고 기차 안에서만 겨우 벗을 수 있겠더라고요. 기차는 얼굴을 보고 마주 앉는 게 아니니까요. 사람들이 더 붐비는 지하철에선 갑갑해도 절대 못 벗었죠.

그래도 삭발 이후에 심정적으로 해방감과 함께 다양한 변화가 찾아왔을 것 같아요.

내가 어떤 모습이어도 괜찮다고 스스로에게 말할 수 있게 됐어요. 정말 어떤 모습을 해도 상관없는 것 같아요. 문신도 하고 춤도 추고 지금껏 시도하지 않았던 것들을 몸으로 경험해보고 싶은 욕구가 늘 있어요. 요즘은 삭발을 안 하는데, 언젠가 다시 삭발해도 저는 제 모습을 좋아할 거예요.

그렇다면 다른 여성에게도 삭발을 추천하고 싶나요?

네. 진짜 별거 아니라는 걸 경험하면 좋을 것 같아요. 머리카락이 여성성을 드러내는 것도 아니고, 또 제가 여자라고 해서 꼭 여성성을 드러내야 하는 것도 아니고요. 그러니까 삭발을 함으로써 '사회가 말하는 여성상, 내가 습득한 여성상'으로부터 자유로워지는 것 같아요.

그리고 정말 추천하고 싶은 이유 중 하나는 어떤 불편한 사람에게 쓸데없는 치근덕거림을 당할 일이 없어요. 예전에 나름대로 꾸미고 일을 다닐 때 중년의 남성에게 스토킹을 당했었어요. 그때의 제 이미지만 보고 단아하다, 친절하다고 말씀하셨는데 알고 보니 그분이 원하는 대로 제가 해줄 거라는 엄청난 착각을 하고 있더라고요. 순응적인 사람으로 보였나 봐요. 또는 유머랍시고 공감하기 어려운 말을 듣는 일도 자잘하게 있었는데 삭발한 이후론 경험하지 않은 것 같아요. 적어도 성적 대상화는 안 되겠구나 생각했는데 반대로 강력하게 페미니스트로서 대상화가 되죠.

그래서 사람들은 다른 사람을 판단하고 싶어 하는구나 그런 걸 많이 느껴요. 어떤 사람들은 헤어스타일을 보고 저를 페미니스트라고 판단하려고 하는 것 같아서 거기서 오는 불편함도 있어요. 나는 페미니스트라서 이걸 한 게 아닌데 점점 '탈코르셋'이 되어버리는 느낌이에요. 그걸 부정하지는 않지만 어떤 한 가지 요소로 저의 모든 것을 정당화해버리는 시선은 좀 힘들죠.

그런 현상은 온라인상에도 많은 것 같고, 특히 페미니즘 관련해서는 더 많죠. '페미'라는 글자가 나오기만 해도 치를 떠는 사람들이 많잖아요.

저는 페미니스트도 제 정체성 중에 하나라고 생각해요. 이게 제 전부는 아니고 페미니즘에 대해 잘 모르지만요. 페미니즘 안에서도 다른 결이 있을 수도 있고요. 그럼에도 서로를 이해하기 위해서는 다양성이 존재한다는 걸 알아야 하는 것 같아요.

저에게 페미니즘은 살고자 하는 욕구에요. 살아내려고 말하고, 표현하는 거예요. 최근에 분식집에서 오랜만에 TV를 봤는데 뉴스에서 20대 남성이 사람들이 많은 마트에서 10대 여자를 화장실로 끌고 가서 성폭행했다는 내용이 나오는 거예요. 그런데 초범이라는 점, 합의했다는 점 때문에 징역 3년, 집행유예 4년을 받은 거죠. 정말 말도 안 되는 판결이에요. 제가 어렸을 때 성폭력을 당한 경험이 있기 때문에 이런 걸 보면 우선 분노가 머리로 쏠려요. 가슴이 두근거리고요. 속으로 욕도 하죠. 이런 부당한 일을 같이 화내고 잘못됐다고 얘기하고 변화하자고 하는 사람들 덕분에 제가 지금까지 가까스로 살아있다고 생각해요.

오랜 시간 힘들었을 것 같아요.

지금은 괜찮지만 오랫동안 우울증이 있었어요. 제가 어릴 때는 누구에게 말할 수 있는 건지, 말해도 괜찮은 건지 몰라서 속으로 오래 앓았어요. 성인이 되고 나서 '수원 여성의전화'에서 성폭력 상담원 교육을 받았었는데 그 시간이 큰 위로가 된 것 같아요. 그때 만난 분들도 다들 좋았고, 여기서는 편하게 있어도 괜찮다고 연대감을 처음 느꼈었죠.

어쨌든 저는 페미니즘 덕분에 살아있고, 또 다른 사람들은 어떻게 살아왔는지 알게 됐어요. '나만 화나고 서럽고 죽고 싶었던 건 아니구나' 제 얘기를 공감해주는 사람들과 대화하면서 응어리가 차츰차츰 풀어진 것 같아요. 제가 너무 오래 제 상처만 들여다보니까 다른 사람의 아픔에 대해 공감하는 능력이 좀 떨어졌었거든요. 나만큼 아플까 하는 생각이었는데 사람들이랑 얘기하고 풀어내다 보니까 누군가 죽고 싶었다는 말을 하면 얼마나 힘들었을지 공감되고 감정 전이가 자연스럽게 돼요. 다른 사람들도 내 얘기를 들으면 이런 감정이었겠구나 생각하면서 혼자라는 외로움을 덜어낸 것 같아요. 우울감이 와도 나만의 감정은 아니고 나아질 수 있다고 생각하면서 계속 가벼워지려고 하고요.

페미니스트를 거부하거나 혐오하는 사람들은 자기 인생에서 페미니즘이 필요 없었으니까 그걸 혐오할 수 있고, 필요 없다고 얘기할 수 있는 것 아닌가 생각해요. 그분들의 목소리를 이 사회가 대변해주고, 보호해주는 장치가 많이 있으니까 페미니즘을 가시처럼 느끼는 것 아닌가 생각도 들어요.

따개비님은 여성의 전화를 알게 되면서 안도감도 있었을 것 같아요. 그로 인해 내 분노를 해석하고 언어화하는 능력도 생긴 거잖아요.

여성의 전화가 있으므로 인해서 제가 여성으로 사회를 살아가면서 이 구조가 잘못됐고, 내 피해가 정말 잘못됐다고 얘기할 수 있게 됐어요. 예전에는 제가 따돌림을 당해서, 혹은 말을 못 해서 당했다고 생각했으니까 이건 다 나 때문이라고 여겼죠. 그런데 여성의 전화에 가니까 제 옆에 앉은 사람들이 "그 새끼들이 잘못한 거야!"라고 얘기하는데 그게 너무 고마운 거예요. 당연한 말이잖아요. 그리고 저와 같은 경험은 여성들 사이에서는 너무 만연했었으니 쉽게 공감할 수 있었어요.

그럼 앞으로는 어떤 세계를 구축해 나가고 싶은가요?

이게 정말 어려운 질문인데, 최근에 했던 글쓰기 모임에서 글을 쓰면 쓸수록 진짜 마음대로 살아야겠다는 생각을 정말 정말 많이 했어요. 안내자님도 책을 내실 때 '어차피 내가 기후 위기나 코로나 때문에 죽을 수도 있는데 이런 책 못 쓸 게 뭐야' 이런 생각을 하셨던 것 같아요. 그 책은 안내자님의 삶을 정말 솔직하게 쓴 글이었거든요. 그 책을 읽고 용기를 얻어서 솔직한 내 경험들과 감정들을 쏟아낼 수 있었어요. 또 모르는 사람들과 공유하고 섬세하게 합평 받는 경험을 하다 보니까 내 얘기를 해도 되는구나, 들어주는 사람이 있구나 하고 자신감이 생겼어요. 제가 성폭행 경험에 대한 글을 쓰다 보니 어떤 분은 힘들어하셨지만, 어떤 분은 꼼꼼하게 봐주시고 솔직하게 합평해 주셨거든요. 글쓰기 모임의 관계에서 편안함을 느꼈어요.

사실 이제는 그 옛날 일을 떠올리는 것도 지긋지긋하고 우울감이나 자살 충동도 지긋지긋해요. 그래서 앞으로의 제 삶은 하고 싶은 대로, 제 마음 편한 대로 구축해 가고 싶어요. 한편으론 내가 너무 부족한 거 아닌가 하고 자주 생각했었거든요. 글을 좋아한다고 작가가 된 것도 아니고, 영상을 만들어도 지금까지 한 번도 누구한테 공유해 본 적도 없어요. 그렇지만 앞으로도 더 애쓰지 말고 이만큼만, 마음 가는 만큼만 하면서 살고 싶어요. 어차피 언제 죽을지도 모르는데 굳이 제가 전문가가 되어야 하나, 이런 생각도 들고요.

지금 가장 하고 싶은 일은 뭐예요?

지금 제일 하고 싶은 건 다큐멘터리를 계속 배우는 거예요. 세상에 제가 모르는 다큐멘터리가 너무 많아요. 처음 다큐멘터리를 배울 때 제가 몰랐던 세상이 펼쳐지는 것 같았어요. 평소엔 영화나 다큐멘터리를 보면 출연한 배우와 스토리만 인식하고 감독은 소외된 존재였는데, 원래 여기 안에는 감독과 연출, 카메라, 기획, 사운드 등 엄청 세밀한 요소가 많았던 거죠. 미시적인 것까지 보게 되면서 너무 재밌는 거예요. 특히 다큐멘터리는 이 감독의 삶이

나 가치관이 그대로 드러나기도 하거든요. 다큐멘터리 안에서 자기 정체성을 찾아가는 과정들도 재밌고, 이걸 통해서 이 사람을 폭넓고 깊게 알아가는 느낌이 드는 거죠. 영상 자체는 수단이고 이것으로 감독의 생을 바라보는 게 재밌어요. 그리고 극영화는 틀이라는 게 존재하긴 하는데 다큐멘터리는 방식을 깨부수는 게 많아요. 그게 감독 마음대로니까 더 매력적인 것 같아요. 이건 계속 배우고 싶어요.

최성훈

용기를 빚는 사람

“

자신을 잃지 않는 조건에서
재밌었으면 좋겠어요.
내가 정했던 걸 잃지 않고
내가 나인 채로
계속 존재했으면 좋겠어요.

”

반달곰상

반달곰상회

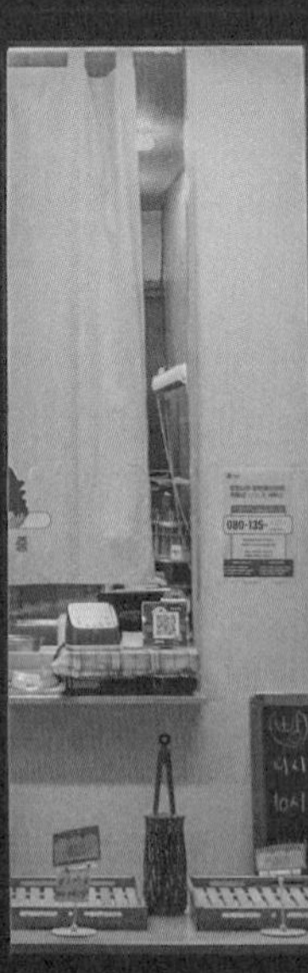

2인이하
출입가능

용기를 빚는 사람

최성훈(하동)

승현

안녕하세요. 성훈님. 간단한 자기소개로 시작해볼까요?

최성훈 '반달곰상회'라는 빵집을 운영하는 스물여섯 살 최성훈입니다.

하동에는 어떻게 오게 되셨어요?

원래 하동이 고향이었어요. 열일곱 살 때 도자기를 배우려고 선생님이 계신 밀양으로 갔다가 4년 정도 배우고, 서울에서도 한 3년 반 정도 있다가 병역 문제로 하동에 눌러앉게 됐죠. 하동 와서 2년은 공익을 했고요. 끝나자마자 기회가 돼서 반달곰상회라는 빵집을 열게 됐어요.

그럼 성인이 되기 전부터 도자기를 시작하신 거네요?

네. 저는 중학교까지만 졸업하고 바로 도자기를 배우러 갔거든요. 요즘은 가게 준비하면서 너무 바빠서 도자기 작업은 거의 못했고 새로운 작업실을 짓고 있어요. 원래 작업장이 야외에 있는 것처럼 여름엔 너무 덥고 겨울엔 너무 추웠거든요. 작은 작업실을 짓고 나면 도자기도 다시 시작하려고 준비 중이에요.

도자기가 너무 힙하고 예쁘더라고요. 하신 지 오래됐는데 판매는 안 하시나요?

그렇죠. 지금 10년 정도 됐으니까. 옛날엔 아시는 분이 주문하시면 주문 제작해서 만들어 드렸는데 요즘은 입맛에 맞추기가 어려워서 주문 제작은 따로 받지 않고 있어요. 요즘은 만들어 놓은 도자기가 없지만, 원하시면 판매는 해요.

도자기는 어떻게 시작하게 된 거예요?

사실 많이 고민하고서 시작한 건 아니에요. 원래 도자기 선생님이 저희 부모님 집의 전 주인이기도 해서 부모님이랑 잘 아는 사이였고, 저와의 인연은 기타 선생님으로 처음 만났어요. 저에겐 동네 아저씨나 다름없었고, 그땐 도자기가 뭔지도 몰랐으니까 당연히 도자기를 할 생각도 없었죠.

그런데 어느 시험날이었는데요. 공부를 안 했으니 당연히 시험 성적이 안 좋았겠죠? 왜 그랬는지 모르겠는데, 그날따라 의기소침하더라고요. 부모님은 저한테 공부하라고 하는 분도 아니고 제 성적이 궁금하지도 않은 분이거든요. 항상 "네가 하고 싶은 거 해라" 하시는 정도인데, 그날은 괜히 제가 부모님한테 변명해야 할 것 같고, 물어보지도 않는데 괜히 찔리더라고요. 그래서 집 가는 와중에 머리를 썼어요. '도대체 뭐라고 말해야 할까?' 답이 안 나오는데, 갑자기 도자기를 한다고 해야겠다 생각했어요. 정말 아무 이유 없이.

어? 신내림 같은 거 아니에요? (웃음)

저는 운명이라고 생각해요. 그전까지는 그게 뭔지도 몰랐고 어떻게 만드는지도 몰랐어요. 그런데 도자기를 만들어야겠다, 도자기를 배운다고 해야겠다고 생각이 든 거죠. 그래서 부모님 가게에 들어가자마자 아빠가 계시기에 "도자기나 배워볼까?" 이야기했더니 너무 좋다는 거예요. '네가 드디어 하고 싶은 게 생겼구나!' 이런 느낌이셨죠. 도자기 선생님 호가 '효석'이에요. 갑자기 효석한테 전화해봐야겠다고 그러고 배달을 가시고, 저는 덩그러니 남았는데 '이게 도대체 무슨 상황이지?' 싶더라고요. 아빠가 돌아와서 선생님에게 전화 걸자마자 "우리 성훈이가 도자기를 배우고 싶어 하는데 알려줄 수 있겠냐"고 물으셨어요. 선생님이 "한 번 보내보세요" 하시더라고요. 제가 선생님 성격을 아는데, 그렇게 생각을 많이 하는 스타일은 아니에요. 굉장히 즉흥적이셨어요. 그때가 열다섯 살 겨울이었는데, 한 30분 만에 제 인생이 결정된 거죠. (웃음)

그래서 다음 날부터 학교에서 친구들한테 "나는 학교 안 다니고 도자기 할 거야" 이야기하고 다녔어요. 실제로 선생님들, 후배들, 친구들 전부 저를 보면 '학교 안 가고 도자기 한다는 사람'으로 대했어요. 담임선생님이 진학 상담 때 저를 안 부르실 정도로요. 다른 선생님들은 왜 그런 결정을 했는지 물어보기도 하셨는데, 사실 그때도 별생각 없었거든요. 단순히 학교 가기 싫다고 대답했죠. "너희 집이 가난하냐?"라고 물으신 분도 있었어요.

그 하루가 성훈님 인생에서 엄청 중요한 날이 됐겠어요. 도자기 배우면서는 어땠어요?

중학교 졸업하자마자 3월에 밀양으로 갔어요. 하숙방을 얻어서 출퇴근하면서 한 4년 정도 배웠죠. 처음 도자기를 배울 때도 제 인생에 대해서 크게 생각을 안 했던 것 같아요. 그렇게 진지하게 받아들이지도 않았고요. 단순하게 학교 안 가서 너무 좋고, 밤에 누가 나한테 자라고 하지도 않고, 맨날 게임하면서 혼자 있었어요. 하고 싶은 대로 담배도 펴버리고 그랬었어요. (웃음)

그렇게 불량한 생활을 하다가 2년 정도 지나니까 좀 진지해지더라고요. 왜냐면 도자기를 하면서 생각이 많이 바뀌고, 생각의 틀이 잡혔거든요. '드디어 내가 생각이라는 걸 하게 됐구나.' 그래서 선생님한테도 너무 고맙죠. 선생님한테 도자기를 배운 거라기보다는 이 세상을 어떻게 살아야 하는지를 배운 것 같아요. 앞으로 어떤 마음가짐으로 도자기를 해야 하는지를 제가 스스로 생각할 수 있게 이끌어 주셨던 것 같아요. 철학적인 이야기도 많이 해주셨고요. 어떤 걸 해도 "이건 왜 그런 것 같아?", "너는 어떻게 생각해?"라고 하시니까 생각을 할 수밖에 없더라고요.

좋은 스승을 만나셨네요. 고등학교 학창 시절을 거기서 보내셨으니 도자기 선생님이 성훈님 삶에 많은 영향을 미쳤을 것 같아요.

처음엔 제가 질문하는 스타일이 아니어서 선생님도 엄청 답답하셨을 거예요. 도자기 한다고 왔는데 창의력도 없어 보이고 열정도 없어 보이니까. 지금 생각하면 스스로도 많이 답답했던 것 같아요. 그렇게 4년 정도 배우니까 선생님이 "하산해라" 하시더라고요. 그때 스무 살이었거든요. 제가 사교성도 떨어지고 친구도 없으니까 정신적으로 좀 힘들었고 막막했어요.

그래서 전부터 가고 싶었던 서울에 가기로 한 거예요. 마침 서울에 친구가 한 명 있었어요. 지금도 저랑 동업하는 친구인데, 그 친구한테 전화해서 "내가 서울에서 1년 정도 살 것 같다" 하니 그 친구도 "그럼 내가 이번에 집을 구하니까 같이 살자" 해서 1년 동안 같이 살았죠. 이후에는 아르바이트도 하면서 지내다 보니 서울이 재밌더라고요.

그렇게 3년 정도 살다가 군대 영장이 온 거죠. 착잡한 마음으로 '나도 가야 하는구나…' 했죠. 그때 하동에 오기가 너무 싫었어요. '하동 가서 뭘 해' 이런 느낌이었어요.

기껏 서울 생활의 단맛을 들였는데 살던 곳으로 돌아가려니 싫었나 봐요.

(웃음)

네. 저는 전시회 다니는 걸 좋아하는데 '하동 가면 못 하잖아!' 이러면서 엄청나게 짜증만 부렸던 것 같아요. 서울에서 공익 생활하고 싶다는 말도 안 되는 소리하고… (웃음) 그런데 내려오니 생각보다 너무 괜찮았어요. 하동이 많이 바뀌었고, 그때 처음으로 '카페 하동'을 왔는데 너무 좋은 거예요. '하동에도 이런 게 생겼네' 하면서 입대 전엔 매일 여기로 와서 커피 마시고 그랬죠.

공익 생활하는 2년간은 도자기도 만들고, 집에서 빵도 구우면서 하동에서도 여러 가지 일을 할 수 있겠다는 느낌이 들었어요. 살다 보니 별로 불편한 게 없더라고요. 그래서 마음에 들게 된 것 같아요. 예전엔 "송림이 뭐가 좋아, 지겹다" 이랬는데 서울 가니까 더 지겹더라고요. 사람들도 너무 많고… 지나고 보니 서울 환경에 잘 안 맞았던 것 같아요. 지하철만 타면 향수 냄새, 화장품 냄새도 힘들어했고요. 그러면서도 포기하고 싶지 않은 것들은 있었지만, 내려오고 보니까 여기도 너무 좋더라고요.

그 이후에도 도자기를 선택한 이유를 찾지 못했나요?

밀양에서 본격적으로 배울 때도 정말 아무 생각 없었어요. 단순하게 너무 좋았고, '이렇게 살다 죽지, 뭐' 이런 마음이었어요. 그런데 저는 남들이랑 다르고 싶었어요. 실제로 다르다고 생각했고요. 아마 그래서 도자기를 선택하는 기행을 했던 것 같아요. 학교 다닐 때도 친구들이 0교시에 등교하면 저는 1교시 때 등교하거나 아예 늦게 가버릴 때도 있었어요.

그런데 제가 특별하다는 생각이 서울에 살다 보니까 많이 깨지더라고요. 내가 되게 평범하다는 걸 깨닫게 되면서 그때 좀 우울했던 것 같아요.

서울엔 더 특별한 사람들이 많아서 그랬을까요?

아니요. 서울에선 계속 쳇바퀴 같은 생활을 했었거든요. 그러다 보니 내가 무슨 특별한 활동을 하는 것도 아니고, 내 작품을 판매하는 것도 아닌 거예요. 그사이에 특별한 일들이 있었겠지만, 서울 생활을 뭉뚱그려서 생각해 보면 그렇게 특별할 것도 없었어요. 그럴 땐 '내가 이 사회의 아주 작은 일부분으로 사는구나' 싶어서 왠지 모르게 우울하더라고요. 주변 사람들이 "아니야, 너 되게 특이해" 이야기해도 다 거짓말 같았고요. 요즘 다시 돌아봤을 땐 제가 좀 특별한 경우이긴 한 것 같아요.

지금도 특별하고 싶으세요?

그렇죠. 특별하고 싶죠. 모순적이지만 '관종' 같이 행동하고 싶진 않아요. 남들이 봤을 때 특별했으면 좋겠지만, 나대고 싶진 않은 느낌? 그러니까 내적으로 특별하고 싶어요. 도자기 할 때도 특별함만 추구하게 됐는데, 제 선생님 도자기 스타일이 좀 특이하거든요. 저는 어떻게 보면 선생님의 아류예요. 그분에게 배우면서 자연스럽게 그림을 접했고, 실제로 그림 그리는 게 너무 재미있었어요. 나는 계속 이런 방식으로 도자기를 만들어야지 생각했었거든요.

그런데 서울에선 제가 도자기를 너무 못 만드는 것 같아서 괴로웠어요. 제가 스킬이 좋지도 않았고, 그림이 특별하지도 않았고, 내가 만드는 도자기 형태도 예술적이지 않다고 느껴져서 자기 파괴적으로 살았어요. 하루하루가 너무 힘들더라고요. 도자기도 하기 싫고… 그때 슬럼프가 왔어요. 그래서 괜히 선생님한테 전화하고 싶더라고요. 원래 안부 인사도 잘 안 했는데, 전화해서 "요즘 잘 안 되고 힘들어요" 찡찡댔어요. 그때 선생님이 "너는 아직 젊잖아. 이걸 단순히 취미라고 생각해라" 말씀하셨는데, 그때 제가 "저는 취미라고 생각 안 합니다. 저는 이제 진지하게 생각하고 있어요" 했죠. 그랬더니 선생님이 되게 단순하게 "그러면 됐다" 하시고 전화를 끊으셨어요. 집에 가면서 곰곰이 생각해 보니 어렴풋이 선생님이 이야기했던 게 어떤 뜻인지 알겠더라고요.

서울에선 아무도 나한테 뭘 만들라고 시키지 않잖아요. 내가 주체적으로 해야 하는데 그것부터 혼란스럽더라고요. 그래서 초창기에는 선생님한테 많이 물어봤는데 돌아오는 답이 항상 똑같았거든요. "해봐. 하다 보면 네가 알게 될 거야" 이게 도대체 무슨 말인지 몰랐는데 정말 하다 보니까 알게 됐어요. '이건 결국 내가 알아서 해야 하는 문제구나.' 도자기를 하면서 이런 감정은 결국 느낄 수밖에 없다는 걸 깨닫고 나니까 오히려 편해졌어요. 그 이후로 작업이 더 잘 됐던 것 같아요.

슬럼프가 지나고 난 이후에 도자기에도 변화가 있었나요?

많이 달라졌죠. 이전엔 어떤 그림을 보면 그냥 그걸 그렸던 것 같아요. 그러니까 그림에 의미를 담고 싶은 마음이 전혀 없었던 거죠. 단순하게 빨간색은 빨간색으로, 검은색은 검은색으로 칠해버렸다면, 이후에는 내가 어떤 사람인지, 내가 뭘 느끼는지에 대해서 조금은 확고해진 것 같아요. 예를 들면 이전엔 할미꽃을 보면 그걸 똑같이 그리는 것에 급급했다면 이후에는 보라색의 할미꽃에서 오는 느낌을 담으려고 해요. 어떻게 보면 좀 더 추상적으로 그리게 됐다고 해야 하나… 그랬을 때 더 만족감이 생겼어요. 그리고 옛날부터 남들이 안 그리는 걸 그리고 싶다는 생각이 있었기 때문에 더 많이 노력했던 것 같아요. 단순히 '예쁘다' 이게 아니고 더 근본적인 것에 초점이 맞춰진 것 같아요. 비 오는 날씨에도 '비 온다'가 끝이 아니라 비 냄새나 습한 느낌처럼 포괄적인 감정을 느끼고 표현하려고 했던 거죠.

예술가의 마인드가 된 것 같아요. 예술 작업물을 볼 때 그것이 어느 사람의 내면을 거쳐서 나오는 결과물이라 생각하면 감탄할 때가 많거든요. 도자기를 하면서 생긴 삶의 철학은 어떤 건가요?

제 삶의 철학은 곧 도자기에 대한 철학이에요. 제 삶에 대한 장기적인 목표를 세울 때 '도자기를 왜 만드는지'에 대한 정립이 중요했어요. 처음엔 선생님이 "무슨 도자기를 하고 싶냐?"라고 말했을 때 저는 단순하게 "저는 빨갛고 파랗게, 색깔이 진한 걸 하고 싶어요" 했는데, 도자기를 진지하게 받아들이고 나서 다시 그 물음을 생각해 보니까 선생님은 내가 도자기를 만드는 근원적인 이유를 물었던 것 같아요. 이제는 내가 어떤 생각을 갖고 도자기를 만들어야 하는지에 대해서 좀 더 생각하게 됐고, 지금의 제가 도자기를 만든다면 좀 더 근본적으로 접근할 것 같아요.

그래서 도자기를 만드는 이유를 생각해 보면, 처음엔 사람들이 대중적으로 도자기를 많이 썼으면 좋겠다고 생각했어요. 작품성을 띤 도자기라도요. 도자기라는 게 그렇게 대중적이진 않아서 도자기 잔을 쓰더라도 사용자는 이걸 '도자기'라고 인식하진 않거든요. 그래서 과거에 했던 작업은 대부분 친근하거나 귀여운 그림, 혹은 패턴이나 줄무늬를 활용해서 '갖고 싶다는 느낌'이 들도록 만들었어요. 예술과 대중성을 같이 표현하고 싶었던 것 같아요. 보통은 '대중성을 거부하는 예술가'나 '대중적인 상업 예술인' 두 가지로 갈리는데 저는 아무리 생각해도 둘 다 하고 싶더라고요. 대중적으로 사람들이 쉽게 쓸 수 있는 아주 가볍고 저렴한 도자기와 나름대로 작품성이 있는 도자기도 같이 만드는 거죠.

결국엔 사람들이 많이 사용하면서 예쁘기도 하고, 하나 샀을 때 가벼운 마음으로 쓸 수 있는 걸 만들고 싶어요. 예를 들어 이 찻잔은 꼭 차를 마셔야 하는 잔이잖아요. 하지만 내 잔에는 커피도 담을 수 있고, 차도 담을 수 있고, 주스도 담을 수 있는, 그러니까 하나를 사면 여러 용도로 쓸 수 있고, 동시에 아주 가벼운 마음으로 살 수 있는 도자기를 만들고 싶다고 생각했어요. 그런데 두 가지를 만족시키기는 일은 여전히 많이 어려운 것 같아요.

저는 그 세계를 잘 모르지만, 대중성과 예술성에서 좋고 나쁨은 없는 것 같아요. 예술 작품은 실용성이 부족해서 오브제로만 쓰이는 것도 있잖아요. 또 그런 작품을 실용적으로 썼을 때 가치가 폄하되기도 하고요. 저는 예쁘고 실용적인 게 좋아서 성훈님이 브랜드 론칭하시면 좋겠어요. (웃음)

고맙습니다. (웃음)

하동 살이에 대해서 이야기를 해볼까요. 타 인터뷰에서 하동과 사이가 안 좋았다고 하셨는데, 이건 아까 말씀하신 정말 돌아오기 싫었던 곳이라서 그랬던 건가요?

그렇죠. 본인이 태어난 곳에 애향심이 많은 분도 있지만, 대부분은 고향을 벗어나고 싶은 것 같아요. 제 주위에 하동 사는 친구들이 거의 없어요. 80퍼센트 이상은 외지로 나가니까. 저도 그런 거였어요. 단순하게 하동이 너무 싫었고, 오면 부모님 가게 일도 해야 하니까 싫잖아요. (웃음) 저희 가게가 너무 바빠서 오면 일을 안 할 수 없는 상태였거든요.

하동에서 청년 활동도 하시고 지도도 제작하셨다고 했어요. 청년 활동은 어떻게 시작하게 됐어요?

'섬진강과 지리산 사람들'이라는 모임과 '사단법인 숲길'이라는 단체에서 하동 청년들을 모아서 뭔가를 하고 싶다고 이야기를 하셨어요. 그때는 제 친구랑 저랑 둘이 내려온 상태였는데 숲길에서 일하시는 동네 친한 분이 "너네들 와봐" 하더라고요. 그렇게 청년들이 몇 명 모였는데 만들어진 자리다 보니까 한두 달 정도는 너무너무 어색했던 것 같아요. 도대체 무슨 얘기를 해야 하지 싶고… 그래서 처음에는 친목 단체로 이어가다가 점점 하나둘씩 이야기가 나오더라고요.

본격적으로는 정부 사업으로 활동을 시작했고 그러다 보니 어떻게든 결과물을 남겨야 했어요. 그게 '하동 지도 만들기'였고, 그 사업 때문에 '우리가 이런 것도 할 수 있구나' 눈을 뜨게 돼서 요즘도 청년 공간을 만들어서 꾸미고 있어요. 거기가 우리 사무실이 될 수도 있고요. 오늘은 하루 종일 페인트칠했는데, 조만간 거기서 하동에 있는 청년 소상공인을 주제로 한 팝업 스토어를 열기로 했거든요. 사실 일이 굉장히 복잡해졌어요. 청년들이 모여서 '해보자!' 하는 분위기가 되니까 얼떨결에 했고, 지금은 꽤 큰 단체가 돼 버렸어요.

모임에는 언제나 기획하고 이끌어 가는 역할을 하는 분이 계시잖아요.

그렇죠. 저희 경우엔 지금 동업하는 친구가 그 역할을 하고 있어요. 서울 갔을 때 같이 살던 친구예요. 그 친구는 스무 살부터 5년 동안 쉬지 않고 일을 했던 터라 좀 쉬고 싶어 했거든요. 저한테 연락해서 계속 "하동 좋아졌냐?"라고 체크하고… (웃음) 또 그 친구가 외국을 나가고 싶어 했는데 최근엔 못 나가는 상황이 됐잖아요. 그래서 저한테 계속 같이 일하자고 꼬셨어요. 결국엔 설득당해서 얼떨결에 가게도 차리게 됐고요. 제가 끝까지 안 한다고 그랬거든요. "내 빵은 팔 정도가 아니다" 이야기를 하니까 "아니야, 아니야. 할 수 있어!"하면서 계속 뭔지도 모를 용기를 자꾸 주더라고요. 정신 차려보니까 가게 차려서 페인트칠하고 있었어요. (웃음) 할 수 있을 것 같다는 생각이 들면 무조건해야 하는 친구여서 불도

저처럼 추진력 있게 밀어붙여요. 청년 모임 할 때도 나머지가 준비 안 해도 그 친구가 다 준비를 해요. PPT부터 만들어서 우리한테 설명하는데 듣다 보면 좋아 보이게끔 만드는 능력자예요.

모두를 묶어서 이야기할 순 없지만, 제가 만난 하동 청년들은 스스럼없이 일을 저지르는 분들 같아 보였어요. 주체적으로 산다는 느낌에서 많은 자극을 받았거든요. 성훈님도 일을 정말 쉽게 시작하는 느낌이었어요. 하동만의 무언가가 있는 건가요? (웃음)

저는 전혀 그런 성격이 아니에요. 항상 비관적으로 보고 "안 될 것 같은데" 이 말부터 먼저 하는 스타일이거든요. 친구가 빵집 제안했을 때도 "말도 안 되는 소리 하지 마라" 그러고 말버릇처럼 "안 한다", "안 된다" 얘기했어요. 말은 그렇게 하고 결국 다 하면서 제일 책임감 있는 스타일. (웃음) 그런 걸 보면 저는 사람 복이 좋은 것 같아요. 옛날부터 그랬어요. 결국에는 나한테 굉장히 도움되는 일인 걸 알지만 시작할 땐 무조건 안 한다고 그러거든요.

막상 하면 잘한다는 걸 알고 계시는데 왜 부정적인 태도로 시작해요?

사실 저는 용기 있는 스타일도 아니고 안정적인 걸 추구하는 스타일이에요. 하는 일만 보면 전혀 안정적이지 않죠? 처음에 도자기를 한 것부터요. (웃음) 근데 결국엔 어떤 순간에 던져지고 도전하게 되더라고요. 누군가 저를 푸시하더라도 결국 마지막에 선택하는 건 '나'거든요. 그렇게 생각하니까 '내가 은근히 즐기는 스타일인가 보다', '나는 안정적인 걸 추구한다고 생각하지만 사실 그게 아니었나 보다' 하고 깨달았어요.

가게를 연다고 했을 땐 너무 할 일이 많아서 하기 싫었거든요. '반달곰상회'는 어떻게 보면 일을 쉽게 했고, 또 어떻게 보면 정말 어렵게 일한 곳이에요. 일을 순식간에 하긴 했는데, 내가 페인트칠하고, 퍼티 칠하고, 바닥 깔았으니까요. 매대 만드는 걸 제외한 거의 모든 작업을 다 했던 것 같아요. '반달곰상회' 준비하면서 '결국 던져지니까 내가 해내긴 하는구나' 이런 생각이 많이 들더라고요. 그렇지만 저는 가만히 있는 걸 좋아하고 뭘 하려고 하는 스타일은 아니에요.

촉진제가 필요한 사람이군요.

네. 옆에서 푸시하면 하게 되는 스타일인 것 같아요. 아마도 시작하면 내가 너무 열심히 할 걸 알아서 일찍이 하기 싫어하는 것 같아요. 가게 준비할 때 제가 분명 일이 많아서 힘들 것 같다고 했는데 친구는 "최대한 너 안 힘들게 해줄게" 했거든요. 근데 시작하니까 힘들더라고요. (웃음) 그래도 후회는 없어요. 그 친구가 저를 푸시 해줘서 굉장히 고맙게 생각하고요. 오히려 이 기회를 통해서 내가 한층 더 성장하겠다는 느낌을 받았어요. 그래서 굉장히 고맙게 생각하고 있어요.

어느 정도 공감이 가요. 저도 일을 앞에 두면 기대감보다 일을 시작하게 되면 해야 할 것들이 먼저 떠올라서 시도가 힘들어요. 그래서 그렇게 다 괜찮다고 밀어주는 파트너가 있다는 게 부럽네요.

그 친구는 저랑 완전 반대 스타일이에요. 무한 긍정이에요. "다 잘 될 거야", "난 될 것 같은데?" 하는 스타일이고, 저는 "말도 안 되는 소리 하지 마라. 절대 안 된다"라고 말하는 스타일. 그래서 어찌 보면 좋은 사업 파트너인 것 같아요. 어떤 문제로 감정이 상했을 때도 저희는 말로 푸는 스타일이어서 어떤 계기를 만들고 오해를 풀어요. 게다가 그 친구는 굉장히 철저한 스타일이어서 우리가 돈 문제로 마음이 상하면 안 되니까 아무 말도 못 나오게 A to Z까지 규약을 다 정해놨어요. 실제로 계약서도 썼고요. 그렇게까지 하고 나니까 '이 새끼 정말 미친 새끼구나…' 생각이 들더라고요. 어쨌든 반대 스타일은 얘기하다 보면 의견이 가운데로 모여요. 좋은 사업 파트너 같아요.

성훈님이 하는 도자기와 베이킹, 두 가지를 생각해 보니 손으로 주무르는 행위를 통해서 만들어낸다는 점이 같더라고요. 관련이 있을까요?

너무 연관 있죠. 처음엔 하동 내려오기 반년 전부터 빵을 만들었거든요. 여자친구가 빵을 좋아해서 만들어주고 싶은 마음에 시작했는데, 만들다 보니까 도자기랑 너무너무 비슷한 거예요. 반죽을 하고 기다렸다가, 성형하고, 완성하는 작업까지 너무 비슷했어요. 그래서 더 매력적으로 느꼈던 것 같고 이건 내가 오래 할 수 있는 취미겠다고 생각이 들었거든요. 실제로 빵을 구울 때랑 도자기를 만들 때 서로한테 영향을 주는 것 같아요. 빵 구우면서 '내가 왜 도자기 할 때 이런 생각을 못 했을까?'하고 도자기 할 때도 '빵 만들 때도 이렇게 했었으면 됐는데…' 하고요. 그래서 작업실이 완성되고 도자기 만들 날을 기대하고 있어요. 빵 만들면서 했던 생각을 도자기에 접목하면 괜찮겠다, 내 작업 수준이 더 올라가겠다고 생각 들고 두 가지가 서로 좋은 영향을 주고 있는 것 같아요.

빵과 도자기 제작 과정이 서로에게 미치는 영향에 대해 좀 더 자세히 이야기해 줄 수 있나요?

시중의 일반적인 베이커리에서는 시도하지 않는 메뉴들을 여기선 할 수 있어요. 예를 들면 빵에서는 잘 쓰지 않는 재료를 사용해본다든지, 배합을 다르게 해본다든지, '두 가지 메뉴를 섞어보면 재밌겠다' 같은 거죠. 이 방식을 도자기에 접목하면 도자기의 모양도 틀을 깨고 자유롭게 할 수 있고요. 그림 형식도 자유로워져요. 그래서 빵을 혼자서 배웠던 게 장점이라고 이야기해요. 도자기만 만들던 때에 비해서 빵을 만들게 되면서 생각하는 틀이 바뀐 것 같아요.

당연히 그렇게 해야 한다고 믿고 있던 편견이 깨진 거네요. 하나씩 껍질을 깨고 성장하는 느낌이에요. 또 한 가지 성훈님이 특이하다고 생각했던 건, 일을 편안하게 힘들이지 않고 하는 느낌이었거든요. 어떤 루틴으로 일을 척척 해낸다고 해야 할까요.

인스타그램은 좀 그렇게 해요. 처음엔 친구가 관리하다가 어느 순간 제가 몇 번 올렸는데 하다 보니까 재밌었어요. 친구도 "네가 하니까 더 재밌다. 네가 해라" 하더라고요. 자기는 딱딱하고 사무적으로 하는 편이라 너처럼 말도 안 되는 소리를 쉽게 못 한다고, (웃음) '반달곰상회'는 그게 매력인 것 같다면서요. 그런데 이건 저도 납득이 가는 부분이라서 제가 한다고 했어요. 실질적으로 그 공간에 있는 사람은 저이기도 하고요. 말투도 제가 평소에 쓰는 말투로 편하게 해버렸어요. 주변에서도 재밌다고 해주셔서 그때부터는 더 편안하게 올렸던 것 같아요.

보는 사람도 편안함이 느껴지니까 '반달곰상회'가 더 친근하게 다가오는 것 같아요.

실제로는 전혀 편안하게 일을 할 수 없는데… (웃음) 아직까지 제가 만드는 빵이 완벽하다고는 생각하진 않아서 '더 잘할 수 있는 부분이 있는데 놓치고 있는 게 없을까?' 생각하고 있어요. 여전히 빵의 기분을 모르겠더라고요. 나는 항상 똑같이 만드는 것 같은데 결과물이 미묘하게 달라요. 이건 다른 베이커리를 봐도 다르지 않더라고요. 그분들도 빵의 상태가 매일매일 다르니까 그걸 조절하는 게 '프로'라고 이야기하세요. 공감이 가더라고요. 아직까지 저는 세미프로 같은 느낌이에요.

실제로 몇 달 안 됐는데도 처음에 만들었던 빵을 보면 이걸 어떻게 돈 받고 팔았나 싶더라고요. 저는 어디서 배운 것도 아니니까 고객들이 봤을 때 신뢰가 안 갈 수 있잖아요. 그러니까 대충하고 싶진 않고 좀 더 많이 노력하려고 해요. 쉬는 날에는 빵 관련 책이나 외국 자료도 찾아보면서 전문가들과 저 사이의 편차를 줄이는 방법에 대해서 고민하고 있어요. 제가 영어를 못하는데 수준 높은 외국 베이커들의 글도 번역기 돌려가면서 읽고요. 실제로 그것 때문에 빵에 적용한 부분도 많아요. 이렇게 내가 더 노력하면 다른 유명 베이커리에 뒤지지 않겠다고 생각해요.

그런데 진짜 신기한 건 사람들이 제 빵을 맛있다고 해주시고 좋아해 주시는 거예요. 제일 충격 받았던 게, 어떤 손님이 제가 좋아하는 빵집보다 더 맛있다고 하는 거예요. 너무 이해가 안 됐어요. 겉으로는 "정말 감사합니다" 했지만 속으로 '이건 분명히 거짓말일 거야…' 하루 정도 생각했던 것 같아요. 혼란스럽기도 하고… 도대체 대중들의 입맛을 알 수가 없다. (웃음) 지금 메뉴는 보통의 베이커리에도 있는 메뉴라고 생각하지만, 앞으론 다른 베이커리에 없는 것을 시도하고 싶은 마음이에요.

지금도 특이하지 않나요? 계획하고 있는 메뉴가 있어요?

계획하고 있는 건 빵에 매실을 넣고 싶더라고요. 건매실 같은 것. 아니면 매실청으로 발효종을 만들어서 매실 빵으로 해볼까 이런 고민을 하고 있어요. 하동에서 나오는 재료를 한두 가지 정도는 더 쓰고 싶다는 생각이 들어서요. 녹차 식빵인데 안에 팥이 들어간 거라든지, 여러 가지 생각을 하고 있어요.

재밌네요. 본인 삶에서 가지고 있는 핵심적인 모토가 있나요?

음… 뭔가를 결정해야 할 땐 대부분 당장 해야 하는 경우가 많더라고요. 하고 싶은 게 생겼을 때 나중에 해야지 라고 생각하면 결국엔 나중이 되어도 안 해요. 그래서 요즘은 일단 해야겠다고 생각해요. 예를 들면 오늘 도자기 주문 제작을 요청하신 분이 계셨거든요. 제가 안 한다고 했다가, 좀 생각해 보니까 그게 나한테 너무 좋은 기회일 수도 있겠다는 생각이 들어서 얼른 하겠다고 연락했어요. 그러니까 내가 단적으로 너무 짧게 생각하지는 말자는 거예요. 어떤 이야기를 들었을 때 충분히 고민을 거쳐서 해야겠다는 생각이 들어요.

그리고 즐거운 일을 했으면 좋겠다. 되도록 내 삶은 재밌게 살았으면 좋겠다. 나 자신을 잃지 않는 조건에서 재밌었으면 좋겠어요. 내가 정했던 걸 잃지 않고, 내가 나인 채로 계속 존재했으면 좋겠어요.

현실적인 부분은 걱정되지 않으세요?

항상 걱정되죠. (웃음) 도자기만 놓고 보면 이건 정말 돈이 안 돼요. 옛날부터 자기 세뇌처럼 항상 되뇌던 말이 있어요. '내가 돈을 생각했으면 도자기 안 했지.' 돈을 못 버는 게 너무 뻔하거든요. 제가 돈 관련해서는 무지한 편이라 '돈 없어도 살 수 있지 않을까?' 생각하기도 하고, 도자기를 공짜로 준 적도 많아요. 그래서 친구들이 "네가 너의 가치를 너무 깎지 마라" 말을 해주더라고요. 저는 도자기를 싸게 팔고 싶고 그렇게 해서 많은 분이 이용하길 바라는 사람이잖아요. 그런데 현실적으로는 그렇게 하면 안 되더라고요. 돈이 없으면 생활이 안 되니까 지금은 어느 정도 가격이 책정돼야 한다고 생각하고, 균형을 맞추려고 노력하고 있어요.

'반달곰상회'를 올해 8월에 오픈했는데, 9월엔 하루 10시간씩 일했는데도 월 수익이 40만 원이었어요. 그때 기분이 너무 안 좋더라고요. 내 노동의 가치가 너무 떨어진 게 현실적으로 확 다가왔어요. 그래서 친구랑 머리 싸매고 고민해서 개선하니 숨통은 트였죠. 이제 저한테는 현실적인 부분도 굉장히 중요해진 것 같아요. 생각해 보면 저는 항상 이상을 살아왔던 사람인데 현실은 그렇게는 잘 안 되더라고요. 옛날엔 돈 없어도 행복할 줄 알았는데 당장 통장에 3천 원 있으면 너무 불행했어요. (웃음)

혹시 도시로 돌아가고 싶은 마음이 들 때도 있나요?

없는 것 같아요. 도시는 잠깐씩 가는 게 좋을 것 같고… 제가 어떻게 서울에서 살았는지 모르겠어요. 그땐 부모님이 월세는 내주셔서 겨우 살았던 것 같아요. 서울에선 아르바이트하면서 번 돈이 80만 원에서 100만 원 사이였거든요. 서울에서 그 정도 벌어서는 숨만 쉬면 다 나가잖아요. 교통비, 밥값에 친구들이랑 술도 먹어야 하고, 놀아야 하고, 옷도 사야 하니까요. 그렇게 3년 반을 살았는데도 1원도 남김없이 다 썼어요. 요즘 같은 상황이면 못 살겠다 싶더라고요. 거기선 무조건 풀타임으로 일해야 하고 내 생활이 거의 없어질 것 같아요. 물론 지금도 없긴 하지만요. (웃음) 그래도 여기는 내 작업장도 있고, 친구들도 있고, 나가는 돈도 적긴 해요. 어떻게 보면 생활수준이 더 높아진 편이고. 지금이 너무 편하고 좋아요.

그렇죠. 지역살이가 이렇게 좋은데 이걸 아직 모르는 사람이 많다니! (웃음) 성훈님은 어떤 아우라를 풍기는 사람이고 싶나요?

이건 제가 서울에 있을 때부터 정말 진지하게 생각했어요. 내가 어떤 사람이 되고 싶은지. 저는 '영향을 주고 싶은 사람'이라고 많이 생각했거든요. 좋은 영향이든 나쁜 영향이든 그 사람이 나를 보고 무언가 영향을 받으면 좋겠어요. 그래서 누군가 "나는 너를 보면 느끼는 게 많아"라고 말을 해줄 때 기분이 좋아요. 내가 점점 더 그런 사람에 가까워지고 있구나 하는 생각이 들어서요. 저와 이야기 나누고 나면 상대방이 저를 다르게 볼 수 있는, 그런 사람이 되고 싶은 게 제 최종 목표에요.

내가 텅 비어 있거나 생각 없는 것처럼 보이고 싶지 않은 마음일까요?

제가 생각이 많은 사람이라는 걸 느끼면 좋겠어요. 그게 제 콤플렉스 때문에 그럴 수도 있어요. 제가 가방끈이 짧으니까요. 부모님은 "네가 중졸인 건 대단히 큰 무기가 될 수도 있고, 큰 약점이 될 수도 있다. 너 하기 나름이다" 하셨거든요. 그게 직관적으로 저한테 와닿더라고요. 내가 말하기에 따라 이 사람이 나를 얕잡아볼 수도 있고 반대로 크게 볼 수도 있잖아요. 그래서 언행을 조심해야겠다, 생각을 많이 하면서 살아야겠다, 다짐하고 있어요.

연결되는 질문인데요. 성훈님이 가지고 있는 것 중에 앞으로도 놓고 싶지 않은 것이 어떤 것인가요?

지금도 그렇고 미래에도 그렇고 도자기 하나만큼은 잃어버리고 싶지 않아요. 저한테 처음으로 충격을 줬던 게 도자기고… 정확하게 말하면 제 선생님의 휘황찬란하고 추상적인 그림이 그려진 도자기가 너무 충격적이었어요. 내가 알던 도자기랑 너무 달라서요. 지금도 저는 흰 도자기는 안 만들거든요. 꼭 하나씩은 어떤 색깔을 넣어요.

원래 빵집도 도자기를 하기 위한 자금 조달로 시작한 거예요. 지금은 빵 굽는 일이 너무 재밌고 저에게 큰 행복감을 주고 있지만, 그럼에도 저는 도자기가 너무 멋있어요. 옛날부터 도자기만 생각하면 괜히 울컥해요. 서울에서 버스나 지하철 탈 땐 내가 도자기를 만들고 있는 상상, 미래엔 많은 사람들과 협업도 하고 커뮤니티를 만드는 공상을 많이 했던 것 같아요. 엄청 들뜨고 기분이 좋더라고요. 그래서 저는 도자기를 포기하진 않을 것 같아요. 취미로라도 죽을 때까지 할 것 같아요. 이제는 도자기가 저인 것 같아요. 그래서 도자기를 생각할 때마다 괴로운데 도자기를 생각할 때마다 행복해요. 앞으로도 항상 그랬으면 좋겠어요.

새로 론칭한 브랜드를 좋아하게 되면, 그 브랜드의 변화를 함께 겪어가잖아요. 계속 좋아했던 사람이라면 브랜드 뒤에 있는 사람의 생각을 느낄 수도 있고요. 성훈님 도자기가 그랬으면 좋겠어요. 앞으로도 응원하고 지켜볼게요. 고맙습니다.

감사합니다. 저도 어떻게 바뀌어 있을지 궁금하고 기대가 돼요.

당기시오

DO YOU LIKE

누리

다채롭게 혼자이고 싶어

“

개인적으로는 작게 있고 싶고
제가 이해할 수 있는 폭은
점점 넓혀가고 싶어요.

나의 삶이 너무 많은 것에
영향을 끼치게 하고 싶지 않아요.

”

다채롭게 혼자이고 싶어

누리(남원)

송현, 보석, 류현

누리님은 '지리산이음'의 활동으로 주로 만나는 것 같아요. 이음에서는 어떤 일을 하고 있나요?

누리 ...... 이음에서는 홍보를 담당하고 있는데요. SNS나 홈페이지 같은 온라인 채널이나 오프라인 홍보물을 통한 커뮤니케이션을 맡고 있다고 생각하면 쉬울 것 같아요. 포스터처럼 디자인이 들어가는 작업도 기획해서 만들고요.

요즘은 여러 부문에서 디자인이 필요하잖아요. 누리님은 원래 디자인 관련 일을 했었나요?

원래 하던 일은 아니고, 이음에서 홍보 담당으로 제안을 받아서 그때부터 일러스트레이터 같은 툴을 익히면서 일을 시작했어요. 디자인이라기보다 어떻게 사업 의도에 맞게 잘 전달할 수 있을까 고민하고 배우면서 하고 있어요.

제안 받아서 시작한 일을 지금까지 유지하고 있다면 일이 잘 맞았다고 볼 수 있을까요? 디자인 작업에는 어떤 매력을 느꼈나요?

디자인 작업은 혼자 오래 붙잡고 있다 보면 대체로 어제보다 나은 결과물이 나온다는 점이 매력인 것 같아요. 또 밖에서 외주를 받는 게 아니라 이음 소속의 활동가다 보니 방향에 맞게 사업을 잘 이해하고 풀어낼 수 있다는 것도 강점이고요.

일을 길게 하면서 매너리즘에 빠지지 않으려면 어떻게 해야 할까요? 혹은 더 잘하고 싶다는 마음을 어떻게 조절하세요?

더 잘하고 싶다는 마음은 마감일이 조절해주는 것 같아요. (웃음) 매너리즘에 빠지는 건 어쩔 수 없고… 일단 한 발 빠졌다가 '아, 이러지 말자!' 하고 고삐 잡고 나와야 하는 것 같아요.

가족과 함께 산내면에 살고 계시죠? 어떻게 산내에서 살게 되셨나요?

제가 초등학교 4학년 때 가족들이 다 같이 산내로 귀촌했어요. 산내초등학교를 졸업하고, '실상사 작은학교'를 다니다가 자퇴하고 홈스쿨링 하면서 서울로 대학교를 갔었는데요. 졸업하고 나서 계약직으로 일을 했어요. 그 일이 끝나고 나니 다시 취업해야 하는데 그게 너무 싫었던 거죠. 대학교에 다닐 때도 한 번도 휴학을 안 해서 4년 만에 바로 졸업했거든요. 쉴 틈 없이 지내다가 부모님 집에 잠깐 왔는데, 여기 오래 있을 예정이 아니었는데도 있다 보니까 올라갈 수 없게 됐어요. (웃음)

그런데 왜 산내로 다시 내려오고 싶었어요?

가족들이랑 같이 있고 싶었어요. 제가 동생이랑 아홉 살 차이 나고 되게 무심한 언니였거든요. 근데 무슨 벼락을 맞았나, 어느 순간부터 제가 가족이랑 있는 시간을 늘려야겠다는 생각을 하고 엄마나 동생한테도 좀 치대는 딸, 치대는 언니가 된 시점이 있었던 것 같아요. 계기를 말씀드리면 좋을 것 같은데 생각이 안 나네요….

(웃음) 아마 한 가지 계기라기보다 사는 게 팍팍해서 그랬을 것 같아요. 서울에서는 어떤 생활을 했었어요?

대학에서 문화예술경영학과라고 하는 공연을 기획하는 학과에 다녔어요. 저는 태어나서부터 그때까지 뮤지컬을 한두 편 정도 봤었는데, 오리엔테이션에서 만난 동기들이 아주 어릴 때부터 발레 공연을 보러 다닌 얘기를 하는 거예요. 완전 '교양 있게' 느껴졌어요. 그래서 신입생 때는 그런 경험을 따라잡아야겠다는 생각에 편의점 김밥 먹으면서 공연 보러 돌아다녔었어요. 네… 그런 시절이 있었네요. 그런데 그게 너무 재밌어서 열심히 보러 다니다 보니까 2학년쯤에는 '공연은 누리가 많이 보지!' 같은 이미지도 생겼던 것 같아요.

경험을 따라잡아야겠다는 생각은 시골에서 올라간 것에 대한 열등감 같은 데서 비롯됐을까요?

시골 때문이라기보다는 저에 대한 거죠. 다른 친구들은 저기 위에 있는 것 같은데 저는 이만큼 아래에 있는 것 같은 느낌.

그 '교양 있는 느낌'이 뭔지 잘 알 것 같아요. (웃음) 그들은 알고 있는 것도 많고요. 만나거나 얘기할 때마다 땀나고 무서운 느낌. (웃음) 그 교양인들 사이에서 어떻게 살아남으셨어요?

돌이켜 생각해 보면 제가 교수들이 좋아하는 성실한 타입이었던 것 같아요. 그래서 대학 다니면서 '나 정규 교육과정 밟았으면 잘했을 수도 있겠는데?' 하는 생각이 들었어요. (웃음) 근데 지난 일이니까!

제일 기억에 남는 공연이 있다면?

1학년 때 처음으로 좀 특이한 공연을 봤다고 생각한 게 '디 오써The Author'라는 공연이었어요. 무대가 있어야 할 공간에 객석이 깔려있고, 그 객석 사이사이에 관객들과 똑같이 배우들이 앉아 있었어요. 그 배우들이 관객에게 계속 질문을 던지는 연극이었는데요. 그때 제 옆자리에 다른 배우가 앉았는데 저한테 말을 걸기도 하고, 그때까지 갖고 있던 연극에 대한 고정관념을 깨는 신기한 경험이었어요.

10대 때 홈스쿨링 하셨다고 했잖아요. 그때 이야기도 듣고 싶어요. 홈스쿨링은 어떻게 시작하게 됐어요?

저는 사실 어릴 때 기억이 잘 안 나요. 기억력이 안 좋아서… (웃음) 제가 집에 있는 걸 되게 좋아해서 집에서 혼자 공부하는 생활이 잘 맞았었어요. 홈스쿨링 시작하기 전에 '실상사 작은학교'를 다닐 땐 일을 하기가 싫었어요. 농담이기도 하지만 작은 학교는 농사를 많이 짓잖아요. 지금 생각하면 그게 저하고 안 맞았던 것 같아요. (웃음) 홈스쿨링하면서 집에서 인터넷 강의 듣고 혼자 공부하는 게 잘 맞으니까 고등학교도 가기 싫었던 것 같고요.

불안한 마음은 없었나요?

네. 왜냐면 학교에 다닐 때도 일반적인 학교에 다니는 친구들이랑 알게 모르게 비교하면서 불안한 마음이 있었기 때문에, 홈스쿨링을 해서 생긴 불안은 없었어요.

홈스쿨링을 하다 대학을 선택한 이유가 있나요?

대학을 가야겠다고 느꼈던 건, 서울에서 한번 살아보고 싶어서? 그리고 남들 다 대학 가니까 간 거예요. (웃음) 저는 중학교 때부터 수학을 싫어해서 수학 공부는 검정고시 통과할 정도만 했고요. 국어, 영어나 사회탐구처럼 하고 싶은 공부를 위주로 했던 것 같아요. 그래서 사실 평균 성적으로는 갈 수 있는 학교가 많지 않았어요. 과목 하나를 버린 거니까요.

당시에 손석희씨가 메인 교수로 있던 학교가 있었는데, 거기는 한 과목을 빼고 평균 등급을 산정할 수 있었거든요. 처음에는 간판 학과였던 미디어 커뮤니케이션과로 가면 재미있지 않을까 싶어서 상담하러 갔는데 마침 새로 생긴 과가 있다는 거예요. (웃음) 그 과가 문화예술경영학과였던 거죠. '이건… 이름이 멋있다!' 생각해서 거기로 지원했어요.

산내에 다시 돌아오고 5년간 지내면서 어떤 점들이 좋았어요?

가족들이 같이 있어서 좋은 것 같아요. 가족도 있고 집도 있고 그런 면에서 사는 데 비용도 많이 들지 않고요. 그리고 시골이라서 좋다기보다 산내라서 좋아요. 여기선 제가 화장을 안 해도 뭐라 하는 사람이 없고요. "왜 이렇게 머시마처럼 다니냐" 하는 사람은 이제 없어요. 결혼은 언제 하냐고 물어보는 분도 만난 적이 없고. (웃음) 일하면서 만나는 분들도 주로 시민 활동하는 분들이니까 그런 타격감 없이 잘 지내고 있어요. 근데 면역력이 완전 떨어지긴 했어요. 가끔 마주치면 '아직 이런 말 하는 사람이 존재한다고?' (웃음)

이제 한 마디 맞으면 눕는 건가요. (웃음) 평소 일상이 궁금한데요. 뭐하면서 지내세요?

제가 되게 소비지향적으로 살고 있어서 도시로 안 나가는 걸 수도 있어요. 넷플릭스 보고, 책 보고, 대체로 누워 있고.

부모님은 농사를 지으시잖아요. 같이 할 때도 많나요?

진짜 급할 때 아니면 잘 안 시키세요. 시켰으면 저 여기 안 있을지도 몰라요. (웃음)

그럼 시골이나 서울 살면서 힘들었던 적은 없었나요?

여기 살면서는 별로 없어요. 가끔 일이 엄청 몰릴 때 조금 힘들고요. 정말 별로 없었던 것 같아요. 그런 데에 무딘 편이기는 하거든요.

서울에선… 너무 옛날 얘길 하는 것 같지만, 서울시에서 여성 근로자에게 제공하는 아파트에서 살았어요. 옛날식 복도형 아파트에 가구당 세 명씩 신청 받아 같이 사는 형태였는데, 주거비가 10만 원이었거든요. 서울에선 그 돈으로 머리 누일 곳은 없으니 거기 살았는데 삶의 질이 정말 안 좋았어요.

여러 명이 함께 사는 게 쉽지는 않았을 거고요. 게다가 모르는 사람일 거잖아요.

전 사람이 나간 자리에 제가 들어가는 거죠. 그래서 각자 방이 따로 있으니 저는 관계를 안 갖고, 화장실이랑 주방만 공유한다는 정도로 살았었던 것 같아요. 전 혼자 있는 공간이 되게 중요한 사람이란 말이에요… 그래서 내려왔나 보다. (웃음)

제가 본 드라마 중엔 홈메이트 여러 명이 절친인 경우가 있었거든요. 너무 보기 좋아서 부럽더라고요. 현실적으로 불가능한 거겠죠?

그런 호실도 있긴 하더라고요. 구성원의 성향에 따라 다르겠죠.

이음은 지리산권의 이야기도 다루면서 도시 거주자를 대상으로 콘텐츠를 만들잖아요. 시골의 이야기를 외부로 송출하기도 하고요. 혹시 귀촌을 생각하시는 분들에게 하고 싶은 이야기가 있다면요?

제가 이런 이야길 해도 될까요? 집이 있는 사람이라…

괜찮아요. 시골살이에는 다양한 조건의 사람들이 있잖아요.

이음에도 가끔 귀촌 상담이 필요한 분들이 오시기도 하고, 이음에서 진행했던 '시골살이학교'에 참여했다가 농촌 지역에 정착하는 분들도 있어요. 사람들이 귀촌할 때 원하는 게 있어서 오잖아요. 예를 들어 공동체적인 삶을 꿈꾼다거나 간혹 농사를 지어서 돈을 좀 벌고 싶다거나 (웃음) 그런 목적에 맞는 토양이 마련된 지역을 고르는 게 좋은 것 같아요. 사전 조사가 필요한 일이 아닌가라는 생각이 들어요.

누리님은 최근에 '성폭력 근절을 위한 지리산여성회의' 같은 작은 외부활동을 겸하고 있잖아요. 누리님은 말씀하신 것처럼 혼자 있는 영역이 필요한 사람인데 대외 활동을 하게 된 것에 스스로 변한 부분이 있을까요?

저는 한 2020년까지만 해도 산내가 잠깐 있다 떠날 곳이라고 생각했던 것 같아요. 떠나서 갈 곳도 없고, 떠날 이유도 없기는 했는데 은연중에 그렇게 느꼈어요. 그런데 이렇게 누구보다 오래 살게 되었고… (웃음) 뚜렷한 계기를 찾자면 '산내 성다양성 축제[3]'를 꼽을 수 있을 것 같네요. 여기 온 지 1년도 안 된 분들도 이런 일을 벌이는데 내가 그냥 잠깐 다녀가는 사람인 척, 이 커뮤니티에

3 지리산 산내면에서 열린 국내 최초의 시골퀴어축제. 세상에는 다채로운 성과 사랑이 존재한다고, 도시뿐만이 아니라 농촌에도 그들의 존재가 있다는 것을 이야기는 축제. 공연부터 부스·전시, 토크쇼, 퍼레이드까지 큰 호응을 얻으며 2021년엔 제 2회까지 개최되었다.

대한 책임감 없이 있는 게 맞는 건가 싶어서요. 시민사회의 다양한 영역에서 크고 작은 일들을 맡고 있는 지리산권의 활동가들을 인터뷰하는 기획을 진행하면서 스스로 변하게 된 지점도 있고요. 여성회의 등을 통해 페미니즘, 퀴어, 소수자 문제에 대해 관심을 갖고 연대하는 건 저 자신에게 안전한 공간, 안전한 마을을 만들기 위한 것이기도 해요. 누구도 자기 정체성을 드러내며 살고자 할 때, 자기가 겪은 경험이나 피해를 말할 때 숨죽이지 않았으면 좋겠어요.

살면서 '이건 내 장점이다' 하는 것이 있나요?

이 질문이 제일 어렵더라고요. 다른 분들은 뭐라 하셨나요? (웃음)

모두에게 공통질문은 아니었어요. 다만 다른 분들에게서 언제나 긍정적으로 생각한다는 것과 일을 쉽게 바라본다는 느낌은 받았어요. 저의 경우는 무턱대고 자신감 가지기인 것 같네요. (웃음)

오, 대단한데요. 저는 제일 없는 건데. (참석한 보석님과 버들님의 강점을 듣고) 음, 저는 지금 못하는 게 있어도 공부해서 하려고 해요. 디자인도 그렇고요. 지금은 이음 홈페이지를 관리하고 있는데, 처음 시작할 때 모르는 부분이 많았지만 다 공부해서 하고 있어요. 이건 지금은 제가 아니면 할 수 없기 때문에.

작은 공동체라도 대체 불가한 사람이 되면 영향력이 커지더라고요. 인스타에서 보여주는 '마을카페 토닥'의 책도 다양한 주제로 추천해주시죠? 좋은 영향을 받고 있어요. 추천도 너무 좋고요.

그건 항상 더 잘하고 싶은데 제가 카페에 상주하는 게 아니다 보니 잘 안 되긴 해요. 그런데 일부러 제가 소장하고 있는 퀴어 주제나 여성 작가들의 책을 슬며시 갖다 놓는 편이에요, 기증의 형태로. (웃음) 필요한 사람한테 우연히 가 닿을 수 있으면 좋을 것 같아서요.

앞으로 어떤 삶을 꿈꾸는지 궁금해요. 시골에서 계속 지낼 건가요?

언젠가 소도시에서도 살아보면 어떨까 생각하고 있어요. 얼마 전에 순천에 놀러 갔는데, 시골 풍경과 도시 풍경이 섞여 있는 느낌이었어요. 걸어 다니기 좋게 조성되어있는 느낌이 들었고 다녀와선 순천 정도의 규모의 지역에서 살아갈 수 있으면 좋겠다고 생각했어요.

시골에서 계속 산다면, 농가나 게스트하우스에서 홍보가 필요한 부분이 있으면 디자인이나 기획 면에서 도와드리고 저는 맛있는 거 사 먹을 돈을 벌 수 있으면 서로 윈윈이 아닐까. (웃음) 그리고 최근에 〈장애학의 도전〉이라는 책을 읽었는데, 생각의 지평을 넓혀주더라고요. 그래서 개인적으로는 작게 있고 싶고, 제가 이해할 수 있는 폭은 점점 넓혀가고 싶어요.

개인으로 작게 있고 싶다는 의미는 어떤 거예요?

해를 끼치고 싶지 않은 마음? 저는 비건을 실천하진 않지만, 그것과 비슷한 맥락으로 지금 이 자리에서 조용히 살다가 조용하게 떠나고 싶은 마음이랄까요. 나의 삶이 너무 많은 것에 영향을 끼치게 하고 싶지 않은 것 같아요.

이제 마지막 질문인데요. 요즘 재밌게 본 영화나 좋아하는 노래를 추천한다면요?

영화는 《반쪽의 이야기》를 정말 재밌게 봤어요. 미국 어느 마을에 사는, 그 마을의 유일한 아시아계 여자아이의 이야기인데 시골 마을에 사는 청소년들의 성장과 우정, 성 지향성 이야기 등등 다양한 주제들이 어우러져 있어요. 그리고 옛날 노래를 가끔 듣는데 이선희 씨의 〈추억의 책장을 넘기면〉 이 노래가 요즘 들으면 가을 느낌이 나고 좋더라고요.

작은변화베이스캠프
들썩

O.N.A

최지한

생각은 살아있다는 감각

“

나보다 더 약하거나
소외된 처지에 있는
사람들이 하는 이야기,
귀에 거슬리는 이야기들이
존중되는 세상이 됐으면 좋겠어요.

”

생각은 살아있다는 감각

최지한(하동)

승현

작년과 올해까진 '지리산 산악열차 반대 운동'으로 바쁘셨죠? 요즘 하루 일과는 어떻게 되세요?

최지한 겨울엔 5시에, 여름엔 4시에 일어나서 일단 금강경을 읽어요. 근데 매일 하진 못해요. 해이해져서. (웃음) 기본 루틴은 금강경을 읽고 108배를 하고요. 그러고 차를 한 잔 마시고, 6시 정도에 아침밥을 먹어요. 날일을 다닐 때는 보통 6시 반에 만나서 가거든요. 그래서 어차피 그 생활로 돌아가야 해서 몸의 패턴을 거기에 맞춰놔요. 그게 안 된 상태로 날일을 하면 너무 힘들더라고요. 그리고 아침 먹고 1인 시위 챙겨드리면 9시 반 정도 되거든요. 그러면 정보공개 청구한 거 확인한다든지 어영부영하다 보면 점심시간이 되거든요. 오후엔 대나무 작업을 할 때도 있고요. 요샌 계속 일이 생겨서 거의 못 하지만요. 저녁은 안 먹고 차 마시고 책 보다가 10시에 자요. 지루하지만 굉장히 평화로운 일상.

저녁을 안 드시는 이유가 있어요?

산악열차 반대 운동 때문에요. 기재부에서 진행한 '한걸음 모델' 들어보셨죠? 우리가 한 걸음씩 양보해서 합의점을 찾아보자는 회의를 하는데 한번은 현장에서 회의하자고 형제봉에서 만난 적이 있거든요. 그때 얘기를 안 들어주고 가려고 그래서 제가 진상을 부렸어요. 차 밑에 기어들어가서 차량 축에다 저를 묶고 누워버렸거든요. 그때 진드기한테 물려서 쯔쯔가무시에 걸렸어요. (웃음) 병원에서 입원 치료를 받았는데 처음에 죽 식단을 신청했거든요. 그런데 돈도 없고, 코로나가 심했을 때라 면회도 안 되니 식단을 못 바꾸고 죽만 먹었어요. 3박 4일을요. 배고파 미치겠더라고요. 이틀째 됐는데 힘이 없으니까 아무것도 못 하잖아요. 그러니까 산악열차 반대 운동을 해야겠다는 생각까지도 없어졌어요. '아무것도 하지 말고 가만히 있자' 그때 생각했어요. '아, 이게 다 많이 처먹어서 생긴 문제구나. (웃음) 결국 힘이 남아도니까 이것도 해보고 싶고 저것도 해보고 싶구나.'

에너지가 받침이 되지 않으면 욕구가 줄어들겠네요. (웃음) 하동에 오신 얘기부터 먼저 들어보고 싶어요. 대봉감이 좋아서 오셨다면서요. (웃음)

여기 오기 전에는 광양에 살다가 대학까지 졸업했고요. 광양에서 우연히 '광양환경운동연합'에서 활동가로 있던 중에 복잡한 일이 생겼어요. 바로 포스코라는 아무도 건드릴 수 없는 거대한 회사 관련된 일로요. 결국은 광양에서의 활동은 그 회사와의 끊임없는 갈등이었거든요. 그때 하동을 왔다 갔다 했었어요. 지리산을 좋아해서 자주 다녔었거든요. 그때 인상 깊게 본 게 감나무였고요. 또 소신껏 살고 계시는 좋은 분들이 되게 많았거든요. 그래서 여기 가서 살면 괜찮겠다 생각했죠.

대봉감은 좋은 이유가 됐네요.

그게 제일 좋은 조건이었어요. (웃음) 감을 좋아하는데, 대봉감이 있어서. 그때는 어땠냐면 악양 안에 2차선 도로가 하나도 없고 차량이 힘들게 교행할 정도의 길밖에 없었어요. 하동읍에서 악양 쪽으로 들어오면 감나무로 된 터널을 지나갔거든요. 가을에 거길 걸어오다 보면 빨간 꽃이 끝도 없이 펼쳐져 있었고요. 중간 중간에 홍시 떨어져 있으면 주워 먹기도 했었죠. 길 지나다 보면 홍시를 따서 주시는 마을 분들도 계셨고요. 속으로 생각했죠. 여기 오면 감은 잘 먹고 살겠다. 좋은 분들도 많고.

다른 인터뷰에서 도시와 시골을 구분 짓는 것을 거부하는 듯한, 차이를 전제하지 않는 듯한 이야기를 봤어요. 실제로 그렇게 생각하시나요?

그렇죠. 우리가 상호 관계를 맺고 살아가고 있잖아요. 서로 의지해서 도와가면서 살고 있는데 획일적으로 농촌과 도시, 청년과 장년, 이런 식으로 나누는 건 아닌 것 같아요. 그럼 오히려 도시에서 사는 분들이 어떻게 생각할까라는 생각도 있고요. 시골 사는 분들이 모두 그렇진 않겠지만 제 경우에는 도시 사는 친구들에게 약간의 부채 의식이 있어요. 제 친구 중엔 공무원도 있고, 회사나 공장 다니는 친구도 있고, 장사하는 친구도 있어요. 그런데 사실 우리 사회의 부가가치 대부분이 도시에서 발생하고 있고, 그 일부분이 농촌 지역으로 들어오면서 같이 살아가고 있는데 도시와 시골을 따로 떼어놓고 생각하는 것 자체가 미안하지 않나…

그리고 저야 여기서 하고 싶은 거 하고 펑펑 놀면서 살고 있는데 친구들 같은 경우에는 자기가 선택했든 선택하지 않았든 사회적인 역할, 그것도 되게 중요한 역할을 하고 있어요. 예를 들어 발전소에서 일하는 친구가 일을 안 해주면 제가 편하게 전기를 쓸 수 없는 상황이고, 또 국세청에서 일한다고 하면 그 친구가 거기서 스트레스를 받아 가면서 그 업무를 처리해주는 덕분에 저는 편하게 인터넷으로 소득 신고만 하면 되는 거잖아요.

물론 농촌이라는 공동체가 너무 비정상적으로 무너지다 보니까 그것에 대한 문제의식을 갖고 해결하려는 방법론적 차원에서 접근하는 거라고 이해는 가지만, 그런 구분이 계속 반복되다 보면 오히려 목적했던 것과 멀어질 수도 있지 않을까. 그래서 그렇게 나누기보다는 그냥 서식지의 차이라고 생각해요. 습지 안에 사는 고라니도 있고, 숲에 사는 고라니도 있고. 그 정도 차이지 반드시 하천에 사는 고라니가 주목받을 필요는 없다고 생각해요.

저는 어디에서나 삶은 비슷하지만, 지역의 자연에서 오는 경험이나 시스템은 조금 다르다는 느낌을 받았거든요. 도시에서는 내가 의도하지 않아도 시스템 안에 들어가지 못하면 소외되는 것들이 생기잖아요. 살기 위해서 계속 구를 수밖에 없어요. 그런 의미에서 어떤 분이 지역에서 주체적으로 살고자 하는 용기를 냈을 때, 시골은 그것을 구현해주기에 좀 더 용이한 환경이라고 생각이 들어요.

저는 그 부분에서 조금 차이가 있는 게, 주체적으로 살기 위해서 이곳을 선택한 게 아니라 내가 주체적으로 살 수 있는 조건이 돼서 여기로 올 수 있었다고 이해를 하거든요. 거기서 개인의 선택도 굉장히 중요한 요소로 작용을 하겠지만, 저는 아주 운이 좋게 이런 곳에서, 사회적인 의무로부터 다소간 면제되는 특권을 누리고 살 수 있었다. 그 정도로 받아들이고 싶어요. 지금 상황을 운이 매우 좋다고 생각해요.

어떤 의식이라든지 가치적인 목표는 어떻게 보면 나중에 덧씌워진 거일 수도 있고요. 시골을 선택하는 출발 자체는 그것을 선택할 수 있는 기회가 있었기 때문인 거예요. 운이 좋아서죠. 예를 들어 제 부모님이 아프시다면 여기서 못 살거든요. 나만 신경 쓰고 살아도 되는 조건이 됐기 때문에 살 수 있는 거죠. 실제로 그런 친구들이 있어요. 부모님이 아프셔서 부양해야 하니까 회사를 두 개씩 다니는. 그 친구들 생각하면 미안하죠.

오오, 선택지가 아예 없을 수 있는 경우를 말씀하시는 거네요.

대부분이 그렇잖아요. 사실 우리 사회의 경제 시스템은 대부분의 구성원들이 스스로의 삶을 선택할 수 없는 궁지로 몰아넣는 형국이 돼버렸고요. 그래서 지금 대선도 뜨겁잖아요.

답답하더라고요. 지한님은 점차 이런 방식으로 살게 될 거라고 생각을 하셨었어요? 아니면 어떤 계기가 있으셨어요?

기본적으로는 이런 성향을 타고난 것 같기도 하고요. 항상 불만이고. '저건 아닌 것 같은데?' 이런 거죠. 항상 왜 부정적이냐는 말을 많이 들었는데 그게 그렇게 나쁘진 않았거든요. 그러다 보니까 관심을 갖게 됐어요.

이건 좀 다른 이야기인데, 국민학교 다닐 때 책을 하나 주웠어요. 그게 '일월서각'에서 나온 〈한국의 공해지도〉라는 책이었거든요. 그 당시에 제가 읽기로는 굉장히 어려운 책이었어요. 70년대 사회운동 시절에 '한국공해문제연구소'는 지금 녹색연합과 환경운동연합의 전신이 되는 조직이었거든요. 거기서 우리나라의 주요 환경 이슈들, 울산 석유화학단지, 도시의 공해 문제, 쓰레기 문제, 원자력 문제들을 다루는데 그중 하나가 광양만의 대기오염 문제였어요. 그게 제일 충격적이었어요. 뭘 알고 본지는 모르겠는데 그 책을 되게 많이 봤거든요. 한 수십 번을 봤을 거예요. 책이 그거밖에 없어서. 보다 보니까 세뇌된 것도 있지 않나 싶기도 하고, 거기에 대해서 '이거 아니잖아' 이렇게 생각하게 됐죠. 살다 보니 그렇게 됐네요. (웃음)

그때부터 지금까지 문제의식을 느끼고 계시는 거네요. 알고 나면 보이는 것들도 많아지고요.

기본적으로 불만이 많았어요. '왜 저럴까?', '왜 저래야만 하는가?' 불만이 많았습니다. 항상.

그럼 그 책을 그때 만난 게 운명처럼 느껴지기도 하겠어요.

나중에 읽어보세요. 구하기 힘들지만, 중고 서적에 가끔 나오거든요. 〈한국의 공해지도〉와 〈내 땅이 죽어간다〉는 두 개의 명저가 있어요.

요즘 고민하는 것들을 어떤 것인가요?

요즘은 '왜 우리 공동체는 항상 이런 결론에 도달하는 걸까?' 그리고 그 과정에 대한 아쉬움. 이건 개인적인 견해인데, 저는 산악열차가 놓일 수도 있다고 생각을 해요. '놓일 수도 있다.' 왜냐하면 한 번 내가 왜 산악열차를 반대하는지 곰곰이 생각했거든요. 10년 전에도 이런 질문을 한 번 했고요.

'심원마을'이라고 지금 없어진 마을이 있어요. 지리산에서 제일 깊은 마을이거든요. 거기 주변은 다 국립공원 특별 보호구역에다가 생태경관보전 지역에 백두대간이에요. 그래서 단속도 많이 하고 들어가기가 쉽지 않은데 그 안에 제가 제일 좋아하는 숲이 있어서 항상 '거기를 한번 가봐야 하는데…' 하면서 노고단 고개 올라가서 3시간씩 거기만 보다가 오고 그랬었죠. 그러던 차에 심원마을에서 고로쇠 작업할 사람을 구하는 거예요. 구역이 어디냐고 하니 노루목 근처라고 그러더라고요. '내가 원하던 곳이다. 가야지.' 그래서 월급 묻지도 않고 갔죠. (웃음) 좋은 분을 만나서 재밌게 생활했고요.

그런데 나중에 알게 됐는데 제가 아고산대 생태계를 쑥대밭으로 만들어 놓고 다녔더라고요. 거기 가면 숲이 엄청나거든요. 두 아름 세 아름되는 신갈나무의 숲이 있는가 하면 전나무 숲도 있고요. 우리나라에 아직 이런 원시림이 있구나! 그것만 감탄하면서 돌아다녔는데 어느 날 문득 보니까 사실 그 숲을 지탱하고 있는 가장 중요한 요소인 이끼라든지 거대한 나무의 시작이 될 작은 싹을 제가 등산화 신고 다 밟고 다녔더라고요. 고산지대에서 나무의 씨앗이 발아하기가 굉장히 어렵거든요. 발아해도 자라기가 쉽지 않은데 7~8년 일하는 동안 길이 날 정도로 걔들을 밟고 다닌 거죠.

그러던 차에 노고단에 케이블카가 올라온다는 얘기가 들렸어요. 그땐 노고단뿐만 아니라 지리산 함양, 산청, 남원 반야봉까지 케이블카 계획이 발표가 됐고, 환경부에서 사업을 검토하기 시작한 때였어요. 그래서 '국립공원을 지키는 시민의 모임'에서 산상시위를 기획했고 노고단에 갈 사람을 찾았는데, 제가 백수잖아요. 그래서 내가 가겠다고 했죠.

그랬던 이유가 겨울 노고단에는 사업 추진하러 간 사람이 보이거든요. 그걸 보면서 '저 사람들은 왜 케이블카를 놓으려고 하나' 그 생각을 하다가 이게 욕망이라는 전체 스펙트럼을 이루고 있는 부분, 욕망의 합이라는 생각이 들더라고요. 어느 것이 더 고귀하거나 저열하다고 나눌 수 없는, 동일선상에 있는 욕망의 작은 부분들의 집합인데, 그럼 이걸 도대체 어떻게 해석해야 하나 막막했어요. 나에게 저 사람들을 반대할 근거가 있냐고 솔직하게 되물었을 때 근거가 없더라고요. 그때 떠오른 게 지율 스님이었는데, 천성산 고속철도 터널 공사할 때 목숨 걸고 단식하셨잖아요. 그분이 하신 말씀이나 단식 투쟁할 때 모습을 보면 정말 생명이, 저기 있는 풀이 나와 다르지 않다는 게 느껴졌거든요. 그게 감동적이었는데 나한테 되물어보니까 나는 그건 아닌 것 같더라고요, 솔직히. 정말 솔직히요. 저는 단순하게 내가 보고 싶은 모습의 노고단, 그걸 원했던 거예요. 저는 시각적인 욕망을 추구했던 거고, 사업하려는 사람들은 지리산으로 물질적인 욕망으로 변환시키길 바랐던 거고요. 그랬을 때 어떻게 보면 이 두 가지 욕망 사이는 별 차이가 없는 거잖아요. 그 숙제를 풀기 위해서 한 달 정도 산상 시위를 가 있었어요. 근데 결국 못 풀었죠. 제가 무슨 도인도 아니고 그걸 풀겠습니까, 그 어려운 숙제를. 아직도 못 풀었는데요. (웃음)

그리고 봄이 돼서 제 산상 시위는 끝났고 그러던 차에 이번 지리산 산악열차 문제가 또 터졌죠. 이번에도 똑같은 거예요. 제가 깊이 생각해 보니까 저 라인, 우리가 흔히 뷰view라고 하는 것이 그대로 있었으면 좋겠다는 것, 그 이상도 이하도 아니더라고요. 말로는 곰이 살아야 한다, 멧돼지도 소중하다, 다람쥐도 소중하다고 하는데 며칠을 생각해봐도 제게는 그게 아니더라고요. 되게 부끄러울 정도로요. 그렇다면 사업을 하고 싶은 타인의 욕망도 존중되어야 하지 않나 생각하게 됐어요.

그러면 궁극적으로 '내가 이 활동을 통해서 추구하고자 하는 건 무엇이었을까?'라고 생각해 보니 어느 하나의 결론에 도달하기 위한 과정이 불만족스럽다는 생각이 들더라고요. 결론을 전제하지 않고 양측이 자유롭게 토론을 거쳐서 하나의 결론에 도달하는 그 과정, 합리적인 공동체 의사결정 과정에 대한 욕망이 제일 컸던 것 같아요. 그래서 만약 산악열차가 들어온다 해도 지금은 여기서 살 수 있어요. 옛날 같았으면 꼴 보기 싫어서 나갔을 것 같은데. (웃음) 지금은 산악열차가 놓인 것을 보고 또 다른 느낌이 있겠죠. 근데 '내가 또 잘못 생각했었네, 너무 감성적이었네' 이렇게 될 수도 있고요. (웃음) 그렇지만 이 활동을 통해서 궁극적으로 하고 싶은 건 우리가 합리적으로 생각을 했으면 좋겠다는 거예요. 또 한편으론 이걸 통해서 몇몇 사람들에게 갈 이익이 골고루 갔으면 좋겠다고 생각하기도 해요. 이건 한 놈이 돈 많이 가져가는 게 배 아픈 거라고도 볼 수 있거든요. 그러면 그 생각도 정당하다고 할 수 있나 하는 생각도 들고… 전 모르겠어요, 뭔지. (웃음)

이 부분은 모든 것의 토대가 되는 인간관계에서도 중요한 것 같네요.

인간이 다른 동물들과 구별되는 유일한 지점이 생각할 수 있다는 거잖아요. 다른 존재의 입장과 처지에 대해서도 생각할 수 있는 게 유일한 차이점인데, 지금은 그걸 잘 못 써먹고 있는 것 같아서 아쉽기도 하고요. 내가 뭔 소리 하는지 모르겠네. (웃음)

말씀해주신 것 다 좋아요. (웃음) 저는 생태적인 삶을 지향하고 있지만, 이 근원에 있는 욕망에 대해서는 생각하지 않았던 것 같아요. 본연에 있는 제 욕망도 궁금해지네요.

제가 맨날 놀아서 그래요. 할 거 없으니까.

큰 고민 없이 이 방식이 옳으니까 옳다고 생각했던 것 같고, 이런 마음엔 여지가 없다고 생각했는데… 제가 스스로 강요하고 있었던 것 같아요. 한편으론 환경에 대해서 생각하다 보면 결국 비관론적으로 망해가고 있다고 생각들 때도 있어요. 이렇게 다 망해야 한다거나, 인간이 사라져야 한다거나 이런 디스토피아적 사고로 마무리 짓는 사람들에게는 어떻게 이야기를 잘 풀어갈 수 있을까요?

비관론이요. '아, 인간은 쓰레기야. 암적 존재야. 인간만 없어지면 모든 게 해결돼' 이런 거죠? 음, 인간이 없어져야 해결이 된다는 것 자체가 내가 추구하는 이상적인 특정 현상이나 결과만을 가정해놓고 이야기하는 거잖아요. 그것 역시 인간적이지 않다, 호모 사피엔스와는 어울리지 않는다고 생각해요. 여기서 말하는 '인간'이라는 건 특정 집단만을 일컫는 게 아니라 '어떤 상태가 도덕적으로 완벽한 선이라고 이야기하는 특정 집단'을 이야기해요. 돈을 많이 벌고 경제 총량을 늘려서 우리 사회의 부의 전체 크기를 늘리면 적어도 배곯아서 죽는 건 피할 수 있지 않겠느냐, 이런 게 자본가들의 최고의 선이라면, 반대로 경제적 부는 줄이더라도 나눠서 쓰고 아껴서 쓰고 자연과 함께 살자는 사람한테는 그게 최고의 선이 되죠. 그걸 도달하기 위한 극단적이고 유일한 방법이 어떻게 보면 인간이 없어져야 한다는 거잖아요.

저도 감정적으로는 공감하지만, 그건 인간적이지 않은 결정인 게, 인간이라는 것 자체가 모든 구성원의 총합을 인간이라고 하는 거잖아요. 특정 집단, 특정 지역, 특정한 시기에 출현했던 아주 소수의 집단만을 얘기하는 게 아니라요. 유사 이래로 지금까지의 모든 인간의 생활양식과 생각들, 문화들, 경제, 제도, 그리고 지금으로 보자면 저기 남극에서부터 북극까지, 남아메리카에서 극동까지 분포하는 모든 인간의 그것을 '인간'이라고 부르죠. 그렇기 때문에 인간 멸종이라는 건 이 가치들을 깡그리 무시할 수도 있는 위험한 생각일 수도 있겠다, 사실 히틀러가 했던 전체주의적 생각이 비슷하잖아요. 오로지 한 가지 방법만이 유일한 해답이라고 생각하는 건 전체주의로 흘러갈 수 있는 출발점이기 때문에 오히려 생명과 평화를 사랑하고 존중하는 분이라고 한다면 다른 생각의 다양성을, 아니면 적어도 그 존재는 인정할 줄 알아야 하지 않을까. 그것의 효용성이나 정당함에 대한 평가는 제쳐두고요. 그래야 생각을 이해할 수 있고, 뭐가 잘못됐는지 대화할 수가 있고, 거기서 문제의 실마리를 찾을 수 있지 않을까 싶은데, 어렵죠.

저도 막상 닥치면 그렇게 생각 안 하더라고요. '저 나쁜 새끼들. (웃음) 저 새끼들 저거 돈밖에 모르는 놈들' 이러죠. 일이 닥치면 항상 위험하고 독단적인 생각에 빠지게 돼서 평온할 때라도 그런 생각은 안 하는 게 좋죠. 중심을 잡을 수 있게 중심추를 잘 키워 놓고 내가 극단적인 순간에 한쪽으로 쏠리더라도 다시 돌아올 수 있게 다양성에 대한 생각을 많이 하는 게 좋지 않을까 해요.

그래서 케이블카가 놓여도 괜찮다고 생각하시는 거네요.

'놓여도 된다'가 아니라 '놓아질 수도 있다.' 이건 다르다고 봐요.

합의를 찾아가는 과정이 중요하다는 말씀이시죠. 그렇지만 말씀하신 것처럼 대립상황에선 워낙에 각자의 의견들이 극명하게 확고해서.

특히 이쪽은 더 그렇죠. '극단적'이라는 표현을 쓰면 서운하시겠지만, 그런 단호함을 가질 수밖에 없는 건 생명을 다루기 때문에 그런 것 같아요. 생명의 존엄성은 가장 중요한 거잖아요. 생명이라는 게 기회도 단 한 번뿐이고 생명의 가치는 보편적이죠. 그게 어떤 대상이든 존중받아야 하기 때문에 단호할 수밖에 없어요. 그렇지만 이성적으로는 단호함보다는 다양성을 존중하는 것이 문제해결에 더 도움이 되지 않을까.

지금 삶으로 다시 와 볼게요. 세탁기, 냉장고 이런 것들 없이 생활하고 계신다고 들었어요.

그것에 대해서 직접적인 소유가 없을 뿐이지, 다 쓰고 있죠. 왜냐하면 하나로마트에서 물건을 사거든요. 집에 냉장고가 없으니까 신선식품 같은 경우에는 더 자주 사거든요. 거기 있는 냉장고를 제가 쓰는 거예요.

우리가 처한 젠더 문제, 통일 문제 등 다른 사회 문제도 마찬가지지만, 특히나 환경 문제 관련해서는 지금 나타나는 현상과 내가 맺고 있는 표면적 관계가 아니라 그 기저에 깔려있는 과정의 부분까지도 고려하지 않으면 근본적인 접근이 어려울 것 같다고 생각해요. '냉장고 없이 산다?' 저는 냉장고를 가지고 살고 있거든요. 하나로마트의 냉장고 열 몇 대가 어떻게 보면 다 제 거니까 더 많은 냉장고를 갖고 있죠. (웃음) 세탁기도 봄부터 가을까지는 손빨래를 하는데 세탁물이 많이 쌓이면 아는 분 댁에 가서 빨아오거든요. 그러면 제가 물질적 관점에서는 '세탁기 없이 산다'라고도 할 수 있는데 세탁기 쓰고 살고 있거든요. 그래서 그건 잘못된 정보인 것 같아요. 다 쓰고 살고 있습니다.

그럼에도 공유한다는 측면에서 분명 지구에 좀 더 낫지 않을까요? (웃음) 모두가 자동차를 한 대씩 갖는 것과 공유 자동차를 사용하는 것은 다를 수 있잖아요. 뭐든지 연결감 있게 생각을 하시는 것 같아요.

전에는 그렇게 생각을 못 했어요. 저 되게 극단적이었거든요. 어느 정도냐면, 어떤 일이 벌어졌어요. 그럼 그거에 대해서 저의 견해를 밝히면 그 글에 너무 상처를 받는다든지 우는 사람이 생길 정도로 극단적이었어요.

혹시 말씀해주실 수 있는 사연이 있을까요?

사연이요? 하…

(웃음) 이야기하기 어려우시면 안 하셔도 되고요.

언젠가 방송사에서 다큐멘터리 취재를 한 적이 있어요. 거기에 '자발적 가난'이라는 말이 나오더라고요. 이 단어 많이 쓰잖아요. 놀라운 동시에 기분이 나쁘더라고요. 왜냐면 제가 어렸을 때 가난한 친구들이 되게 많았거든요. 실제로 어느 정도냐면 요만한 판잣집에 7명이 살아요. 그 공간 안에 씻는 데도 있고 세탁기도 있고 주방도 다 있어요. 비가 새면 받쳐놓고요. 물론 그 단어를 쓴 분 중에서도 그런 삶의 과정을 거쳐 오신 분들도 많겠죠. 연세가 있으신 분들이 있고 어려운 시절을 겪었으니까.

그런데 지금의 상태로 봤을 때 자기가 처한 상황을 절대적으로 '가난하다'라고 할 수 있는가, 그리고 과연 가난이라는 상황이 우리가 선택할 수 있는, 어떤 가치가 부여되는 상황인가에 대해 의문이 생겼어요. 저는 '가난'이 우리가 추구해야 할 어떤 이상적인 상태가 아니라 집이 못 사는 걸 나타내는 형용사라고 생각을 하거든요. 먹고 사는 게 힘들다든지 밥을 자주 굶는다든지 비가 샌다든지 이런 걸 나타내는 말인데 마치 그게 우리가 추구해야 할 정신적인 가치인 것처럼 이야기한다는 게 굉장히 기분 나빴어요. 그래서 썼죠. 막 썼어요. 난리가 났어요. (웃음) 이후에 찾아다니면서 사과 편지 써서 사과했고요. 그런데 진심으로 죄송하긴 했어요. '하여튼 나도 이 나쁜 놈이 그래서는 안 되는데, 그렇게 했구나.' 그때가 그래도 20대였거든요. 다행히 많은 분이 사과를 너그럽게 받아들여 주셨어요.

그때 조금씩 균열이 가기 시작한 것 같아요. 내가 너무 내 잘난 맛에 살았구나, 아무것도 모르면서. 마치 이게 전부 인양 생각하는 태도가 가장 경계해야 할 지점이잖아요.

그런 말이 나오는 것도 지금의 기본 상태가 너무 풍요롭기 때문에 나오는 것 같아요.

우리 사회가 어느 정도로 풍요롭냐면, 어떤 국제기구에서 낸 보고서인데 2018~19년 기준으로 전 세계 상위 50퍼센트의 자산 기준이 250만 원이래요. 당시 제 자산이 520만 원 정도 됐었거든요. 그 정도 되면 전 세계 상위 50퍼센트가 되는 거예요. 그리고 700만 원 정도 갖고 있으면 상위 15퍼센트로 뛰어요. 그러니까 대한민국 사람은 최소한 전 세계 상위 20퍼센트 안에 든다고 봐야 하거든요. 이걸 보고 생각이 많이 들더라고요. '그럼 힘든 사람들은 얼마나 힘들다는 건가.' 그 반대에 있는 삶이 상상이 안 가잖아요. 아프리카 사람들에게 미안하기도 하고요. 우리나라에서 발생하는 부가가치 대부분이 특히 남반구에 있는 저개발 국가들의 희생과 착취, 그 사회에서의 불평등을 기반으로 얻어지는 거잖아요. 그랬을 때 우리가 누리고 있는 부가가치가 정당하다고 볼 수 있겠느냐는 거예요.

그런 데서 연결감을 많이 생각하셨네요.

그리고 결정적으로 균열이 본격적으로 가기 시작한 게 금강경을 읽었거든요. 혹시 보셨어요? 나이가 어떻게 되세요?

(웃음) 서른둘입니다.

읽으세요. 인생이 바뀝니다. 인생이 바뀐다는 게 내가 멋진 사람이 되고 깨닫고 이런 게 아니라, 실수들을 줄여나갈 수 있더라고요. 저는 금강경을 읽고 정말 많이 바뀌었어요. 저도 느끼고 주변에서도 얘기할 정도로요. 편해졌지만 어떤 특정한 사안에 있어서는 더 긴장하면서요. 활 쏘는 걸로 비유하면요. 이전에는 활을 당기면 무조건 쐈거든요. 그러다 아군 맞히고, (웃음) 우리 편 장군 맞히고. 눈이 가려져 있고 힘도 없었던 거죠. 상황을 볼 수 있는 눈도 없었고, 활시위를 조절할 수 있는 힘도 없었어요. 그래서 아무데나 쏴댔는데 지금은 활을 당겼다가도 상황에 따라 다시 놓기도 하는 힘이 생긴 것 같아요. 지금도 한계는 있지만 그때에 비하면 안대 정도는 풀리지 않았나. '여기다 쏘면 안 되겠다' 정도는 알게 됐어요. 금강경 꼭 읽어보세요. 최고의 책입니다.

제게 금강경을 추천해주신 분이 꽤 있으세요.

금강경은 짱이에요. (웃음) 나만 바뀌면 안 되고 주변도 바뀌어야 내 삶터도 나아지거든요. 나만 깨달았다고 되겠어요? 상대방도 깨닫고 모두가 깨달아야 내가 원하는 좀 더 나은 세상에 살 수 있는데 금강경이 그곳으로 이끄는 책인 것 같더라고요.

읽다 보면 반복적으로 나오는 단어 중 궁금한 부분들을 나름대로 해석을 했죠. 그러고 1년 있다가 번역본을 봤는데 전혀 다른 얘기더라고요. (웃음) 거기서 확인할 수 있었던 게 내가 그동안 가졌던 고정관념이 있었다는 거예요. 그때 깨진 거예요. 알고 보니 반복해서 걸렸던 단어나 문장들이 내가 정신적으로 성숙하지 못해서 주변과 갈등을 빚었던 바로 그 지점들이더라고요. 별거 아닌 것들. 그래서 오히려 번역을 안 읽고 한문 원본을 추천드리고 싶어요. 제가 효과를 봐서요. 체험단의 간증 후기에요. (웃음)

내년 중엔 금강경 읽기를 목표로 잡아봐야겠어요. 이런 이야기 들으니 지한님의 10대가 궁금해지네요.

10대는 평범했죠. 학교 다니고 애들하고 맨날 놀고.

그땐 이렇게 살아야겠다는 자기 철학은 없었어요?

특별히 그런 건 없었어요. 거의 순간순간 선택하는 스타일이었거든요. 어떤 사람이 돼야겠다거나 어떻게 살아야겠다는 게 없었어요. 국민학교 때 장래희망 적잖아요.

뭐 적으셨어요?

일단 농사를 지어서 부자가 돼야겠다. (웃음) 돈이 될 것 같은 게 하나 있었거든요. 야생화요. 지금이야 야생화 산업이 커졌는데 그땐 그런 게 없었거든요. 고작해야 화훼 산업, 해봐야 튤립, 장미, 꽃다발 정도였어요. 그래서 농고를 가서 저걸 해야겠다고 했는데 그 꿈은 좌절이 됐죠. 다음으로 환경이 이 상태로 가면 안 되겠다고 생각해서 환경 운동을 해보고 싶다는 꿈이 있었는데, 그건 한번 했으니까 됐고. 그다음부터는 거의 즉흥적으로 다 결정했던 것 같아요.

제가 비평준화 지역에서 고등학교 시험 떨어졌거든요. 떨어지면 1년을 꿇어야 해요. 그래서 시험을 보러 가는데, 저는 그 학교를 갈 수 있는 안전한 성적을 유지했거든요. 그런데 시험 전날 친구가 와서 "불안해. 우리 학교에서 나만 떨어질 것 같다" 그러더라고요. 그래서 무슨 생각을 했는지 "너만 떨어질 일은 없을 거야" 그러고 시험 보러 가서 다 찍고 잤거든요. 떨어졌죠. 다행히 그 친구도 떨어졌어요. 나만 떨어지면 억울할 뻔했는데. (웃음) 다행히 후기 모집이 있어서 그때 붙긴 했어요. 그런 식으로 순간적으로 결정했던 게 많아요.

그때 결정은 지금도 이해가 안 돼요. 심리적으로도 이해가 안 가고. 그런데 되게 잘했던 선택인 게, 원래 가려던 고등학교가 굉장히 상위권이었거든요. 그런데 덕분에 최하위권 학교로 가면서 본격적으로 공부 안 하고 놀기 시작했죠. 애들하고 낚시하러 다니고 맨날 공 차고 달리기하고. 그때 결정이 저를 여기까지 이끌어온 것 같아요. 그 학교로 갔기 때문에 이쪽으로 내려올 수 있었다고 생각해요.

그때 하고 싶었던 걸 다 해봤네요.

그렇죠. 운이 좋았죠. 집이 그렇게 잘 살진 않아도 당장 먹고 살아야 할 정도는 아니었고요. 그렇게 신나게 놀고 다녀도 괜찮을 정도는 됐나 봐요. 운이 좋았죠. 다 운이 좋았습니다. 하늘이 도운 팔자다.

대나무공예 얘기를 해보고 싶어요. 대나무공예를 하시잖아요. 제가 손으로 만드는 걸 되게 못하는데, 언젠가 대나무공예 하는 분을 만나보고 싶다고 생각한 적이 있어요. 그 단정함이 좋아서요. 대나무공예는 언제부터, 어떻게 시작하게 되신 거예요?

2007년 겨울이었네요. 주변에 옻칠하시는 분이 계셨거든요. 그분 작업을 도와주다가 대나무로 만든 물품을 딱 보여주는데 이걸 해야겠다는 생각이 들더라고요. "선생님, 저 이거 해야겠는데요" 하니 "네가 그걸 배우면 좋겠다. 같이 작업하게" 하셨어요. 그래서 담양 군청을 갔죠. 군청 대나무과를 가서.

대나무과가 있어요? (웃음)

대나무산업과가 있거든요. 제일 중요하니까. 가서 대나무를 배울 수 있는 곳을 소개해 달라고 했어요. 그렇게 세 달 정도 왔다 갔다 하던 차에 마침 저희 선생님이 일할 사람을 구하러 온 거예요. 제가 그 옆에 딱 서 있었죠. 선생님이 "가볼 테냐?" 그러시더라고요. 그렇게 따라갔더니 그분이 명인이신데 주변에 알려진 것에 비해 작업실은 굉장히 초라하더라고요. 짜증 날 정도로 (웃음). 이런 사람이 이런 데서 작업을 해야 하나 할 정도로 말이죠. 선생님은 인품이 훌륭하신 분이었거든요. 작업실을 둘러보고서 선생님이 한 번 더 "할 테냐?" 하시면서 잘 생각해 보라고, 정 하고 싶으면 보름 이따 얘기하라고 하셨어요. 저는 일주일 있다가 "해야겠는데요" 하고 연락을 했죠. 첫날 갔더니 "죽竹일을 하면 죽 밖에 못 먹는다. 근데 죽은 먹어야~" 그러시더라고요. 뒷말이 되게 충격적이잖아요. 굶어 죽지는 않는다는 얘기거든요. 그래서 7~8개월 동안 하루 12시간씩 했어요.

그런데 기술적인 건 중요하지 않더라고요. 그때 배웠던 게 "밥을 잘 챙겨 먹어야지, 귀찮다고 끼니 거르고 그러면 아무짝에도 쓸모없고 아무것도 못 하게 된다"고, "밥 하나 잘 챙겨 먹는 데서부터 모든 일이 시작되니까 집에서 끼니 거르지 말고." 이 말이 제일 인상 깊었어요. 밥 하나 챙겨 먹지 못하면 아무것도 못 한다, 어떤 일도 할 수 없다, 자기 관리를 잘 하라는 말씀이셨어요.

또 워낙에 물건이 좋다 보니까 직접 사러 오시는 분들이 있거든요. 그런데 선생님은 "저짝 가서 사세요" 그래요. 왜냐면 가게 한 군데만 납품하시거든요. 사람들 간의 신뢰 관계에서 철저했어요. 저 사람이 옛날부터 내 걸 팔아줬기 때문에 난 저 사람과의 신의가 있다는 거예요. 그 사람의 역할을 존중하는 거죠.

그리고 마지막으로 선생님 가족이 오신 적이 있어요. 그분이 선생님께 "저 사람이 여기서 아버지 기술만 배워서 가버리면 어떡하냐?" 그랬더니 "그러면 재가 평생 내 밑에 있어야 하냐?" 그러시더라고요. 그때 생각했어요. '이 사람 대단한 사람인데?' 그쵸? "얘가 내 밑에 있으면 안 되지, 집에 가서 제 일을 해야지. 이게 뭐 대단한 거라고 감출 것이 있냐"라고 딱 그러시더라고요. 덕분에 대나무 일하는 데 특별한 의미를 두지 않게 해주셨어요. 특히 남들이 하지 않는 이런 일을 할 때는 내가 대단한 작업을 한다는 생각에 빠질 위험성이 굉장히 크거든요. 아무튼, 이렇게 세 가지를 가르쳐 주셔서 잘 배우고 왔죠.

여기서도 그렇게 죽으라고 작업하진 않았어요. 다른 일들을 더 많이 했죠. 농번기는 사람이 필요하니까 일해야 하거든요. 여기는 2월 되면 전지를 해요. 그리고는 땅에 거름을 내요. 그다음은 녹차를 해요. 녹차 공장 가서 일하다가 끝나면 모판 작업을 해요. 그리고 6월이 되면 매실을 따요. 그리고 싹이 어느 정도 나면 못자리 옮겨야 하고요. 모내기 빈자리 메우러 다니기도 하고요. 여름엔 건축 노동하다가 농약 칠 때 줄 잡아주러 다니고요. 가을 되면 또 바빠지죠. 논 주변에 갓베기 해야 하잖아요. 또 예전에는 수확 철에 톤백마대가 아니라 포대에다 담아야 해서 그걸 잡아주는 사람이 있었거든요. 그것도 하고, 수확 끝나면 짚 묶으러 다니고. 그거 끝나면 감 따야죠. 광양 가서 밤 주우러 다니고요. 끝나면 곶감 깎고. 대신 집에 와서 하루에 대나무 한 통씩은 쪼갰어요. 땔감으로 쓰더라도. 그렇게 죽자 살자 안 했던 것 같아요.

대나무는 죽자 살자 안 했는데 다른 일을 죽자 살자 하셨네요. 하동에서 그렇게나 일을 많이 하셨어요?

1년에 삼천만 원 벌었어요. (웃음)

왜 그렇게까지 하셨어요?

다들 급하고 사람을 필요로 하니까요. 지금은 웬만하면 다 기계로 작업이 돼요. 짚 묶는 것도 트랙터로 다 해버리고요. 매실, 감도 인건비가 올라가니까 사람을 안 써요. 그래서 대나무 작업을 더 많이 하게 됐죠.

대나무공예의 매력이라고 하면 어떤 점이 있을까요?

연장이 하나만 있으면 되는 것. 필요한 게 톱하고 칼 두 개에요. 더 정교한 작업을 하려면 몇 가지 필요하지만, 연장이 한 가방 안에 다 들어가거든요. 또 이사를 많이 다니니까 그런 삶의 방식과도 맞았어요. 짐을 늘릴 수는 없잖아요. 그리고 앉아서 대나무 쪼개는 소리 들으면 좋거든요. 자그락, 자그락, 자그락, 자그락. 혼자 생각 많이 할 수 있고, 내가 좋아하는 음악 들을 수 있고요.

저도 언젠가 배워보고 싶네요.

언젠간 배우세요. 정신 건강에 좋고 하다가 잘못되면 불 때면 돼요. 내가 안 때면 동네 할머니들을 나눠드리면 엄청 좋아하시거든요.

왠지 향이 더 좋을 것 같아요.

대나무 탈 때 향이 좋죠. 고소한 향이 나거든요.

주로 이런 대나무 바구니를 만드세요?

주로 안 만들죠. 웬만하면 안 만들려고 그랬어요. 이게 무슨 말이냐면 사실 예전에는 바구니가 필수품이었는데 지금은 이게 과연 필수품인가에 대한 의문이 들어요. 왜냐면 이걸 대체할 물건이 많아요. 물건을 담기 위한 바구니가 너무 많잖아요. 예전에는 미제 바나나 박스나 라면박스 하나만 있어도 테이프 붙여서 10년씩 쓰고 그랬거든요. 반면에 지금은 물건이 넘쳐나는 시대잖아요. 그런 상황에서 내가 또 하나의 소비 욕망을 부추기는 작업을 해야 하나, 말아야 하나. 요새 가장 큰 고민 중 하나가 그거예요.

〈유한계급론〉이라고 나중에 한 번 읽어보세요. (웃음) 소스타인 베블런이라는 사람이 거의 100년 전에 쓴 책인데 그 사람이 거기서 얘기한 것 중에 '과시적 소비', '과시적 여가'에 관한 내용이 나와요. 어떤 행위를 하고 남들에게 보여줌으로써 인정을 받고 내가 높은 위치에 소속돼 있다는, 잠재적인 본능을 충족시켜주는 것. 그로 인해서 경제 시스템의 왜곡이 일어난다는 거예요.

그리고 또 한 가지는 '가난한 사람이 왜 더 보수적인가'에 대한 답이 쓰여 있어요. 그것에 대한 이 사람의 해석이 쓰여 있는데 무조건 정답이라고 볼 수 없지만 되게 탁월해서 고개가 끄덕여져요. 그런 측면에서 공예품이 과시적 소비의 대상이 된 듯한 느낌이 들어요. 공예품의 예술적 가치에 대해서는 논외로 두고요. 미학에 들어가야 하니까. (웃음)

또 제가 무언가를 할 때 가장 중요한 판단 기준 중 하나는 기후 위기거든요. 내가 지금 하는 이 행위가 기후 위기를 가속화하는데 기여할지 아니면 상쇄 효과를 일으킬지가 제일 중요한데, 그래서 고민이에요. 그러니까 바구니를 소비함으로써 끝나는 게 아니라 이것이 더 큰 욕망의 출발점이 될 수도 있다. 그렇다면 나의 행위는 예술적 가치, 미학적 가치, 그리고 수작업이라는 사회적인 가치를 가졌음에도 불구하고 정당하지 않을 수 있다고요. 너무 복잡하더라고요. 요즘의 가장 큰 고민인데 아직 답을 못 찾겠어요.

모든 걸 진심으로 생각한다고 느껴져요. 어느 정도 타협을 해보면 어떨까요? (웃음)

아니요. 타협하더라도 정리는 하고 싶어요. 대나무 일은 먹고 살기 위해서 할 수 있죠. 예를 들어 기후 위기에 대입해서 말하자면 기후 위기를 상쇄하기 위해 자동차 공장이 문을 닫아야 하는데 그건 바람직하지 않잖아요. 자동차를 만드는 사람들의 중요성, 자동차가 우리 사회에서 갖는 의미도 있고요. 그걸 어떻게 조화롭게 잘 해나갈지의 문제인데 그 방법론에 들어가기 전에 이것에 대한 나의 이론적 논의는 종결짓고 싶어요. 다른 사람한테까지 적용하거나 강제할 수는 없지만, 나한테만이라도 적용할 수 있는 기준을 명확하게 세운 다음 작업을 하면 더 즐겁지 않을까, 그게 제일 큰 고민입니다. 백수가 되면 이런 생각을 많이 하게 돼요. 할 일이

없거든요. (웃음)

자기만의 기준을 갖춘다는 건 적어도 어떤 주제로 내 언행의 파급력에 대해서 진지하게 고민해 봤다는 거잖아요. 많은 사람이 그럴 수 있다면 정말 좋겠네요.

그것의 좋고 나쁨을 판단할 필요는 없지만, 모든 사람이 자기 삶의 기준이나 소신을 어느 정도 검증하고 확인해낸 상태라면 우리 사회의 많은 문제가 해결될 수 있지 않을까 생각해요.

아무리 나쁜 짓을 한 사람이라도 그 사람의 주관적인 관점에선 최선이었을 수도 있겠죠. 그 일이 용서할 수도 없고 바람직하지도 않더라도요. 그런데 거기서 문제는 어떤 기준에 대해 깊이 생각하지 않는다는 거예요. 마치 환경을 생각하면서 '인간 다 없어져야 해'하는 것처럼 자기가 아닌 존재를 자기의 생태계를 위협하는 존재로 잘못 인식한 거잖아요.

그렇다면 어떻게 하면 세상이 변할 수 있을 것 같나요? 그 과정에서 지한 님이 기여할 수 있는 것은 어떤 부분일까요?

세상은 어떻게든, 어떤 방식으로든 변하겠죠. 그걸 예측한다는 것도 불가능하고요. 옛날엔 변수가 적었으니 가능할 수도 있었다고 봐요. 예를 들면 원시시대 때는 오늘 저 추장의 기분을 잘 맞춰서 생각하고 행동하면 내일 고기를 줄지 안 줄지 예측이 됐는데,

지금은 너무 복잡하잖아요. 의사결정 과정도 복잡할 뿐더러 경제 행위에 참여하고 있는 사람 수도 너무 많고. 심지어 이게 글로벌화돼 있죠. 그래서 세상을 예측한다는 건 저의 처지에서는 불가능한 것 같고요.

그리고 신자유주의 사상에서 프리드리히 하이에크라는 사람의 〈법, 입법 그리고 자유〉라는 책이 있어요. 거기서 자유주의의 중요성에 대해서 역설하면서 책의 서두에 '현재 가용한 지식을 모두 동원할 수 있다 하더라도 가용한 지식의 근거는 현재 상황에 한정하기 때문에 1초만 지나도 모든 상황이 변한다' 이런 내용이 적혀 있어요. 과거의 모든 걸 알고 있다 해도 1초 지나면 또 바뀌잖아요. 그 얘기는 '예측을 하지 말라'가 아니라 내가 한 얘기가 다 맞다고 생각하지 말라고 하면서 글을 쓰거든요. '와, 대단하다' 생각했죠. 그래서 잘 모르든 알든 함부로 예측하는 건 위험하다고 생각해요.

그럼 바라는 부분은 있으세요?

제가 바라는 건 그런 거죠. 나보다 더 약하거나 소외된 처지에 있는 사람들이 하는 이야기, 귀에 거슬리는 이야기들이 존중되는 세상, 그런 사회가 됐으면 좋겠다. 인간만이 할 수 있는 거예요. 고양이만 봐도 엄청 냉정하잖아요. 먹을 게 있으면 우리가 봤을 때는 나눠 먹으면 되는데, 자기 혼자 다 먹고 누가 오면 뚜드려 패고.

(웃음) 맞은 애는 상처 나서 병들고요. 떨어진 것 몇 개를 못 먹어서 굶어 죽거나 병들어 죽는데, 우리가 봤을 때는 나눠 먹으면 되잖아요. 그런데 인간이 그러고 있다는 게 납득이 안 가죠.

아, 그 책도 읽어보세요. 인도에 있는 경제학자인데 노벨상 받은 분이거든요. 아마르티아 센의 〈자유로서의 발전〉이라는 책이 있어요. 되게 감동적인 책이에요. 아니다. 금강경. 다른 거 다 안 읽어도 돼. 금강경을 읽어야 돼. (웃음)

금강경만 머리에 남네요. 인터뷰 마칠 때가 됐나 봐요. (웃음) 대나무 수업은 상시로 열리나요?

지금은 화요일만 하고 있어요. 기회가 되면 좀 더 하고 싶은데 아직은 제 마음의 여유가 없어요. 워크숍을 열어도 되니 사람들 이끌고 다 같이 놀러 오세요. 정말 쉬워요.

김현하

옳은 것을 믿는 힘

“

여기서 산다는 건 위가 아닌
옆을 보게 해주는 것 같아요.
내 주변에 누가 있는지,
어떤 사람이 있는지,
넓게 볼 수 있는 곳 같아요.

”

옳은 것을 믿는 힘

김현하(산청)

승현, 보석

안녕하세요. 현하님! 요즘은 어떻게 지내세요?

김현하 일단 아침에 일이 없으면 2시까지는 집에 있어요. 코로나 전에는 항상 모임이나 회의나 취미 활동이 있어서 9시 전에는 나왔거든요. 요즘엔 그런 것들이 없으니 조금 늦잠 자는 편이에요. 약속 없으면 학원 출근하고 저녁 8시에 퇴근해요. 요즘은 시험 기간이라서 11시까지 해요.

현재 영어학원 원장님으로 계시죠? 영어는 어떻게 관심갖게 됐어요?

제가 학교 다닐 때는 영어가 그렇게 안 중요했었거든요. 영어 점수 없어도 대학 졸업하는 데 전혀 문제가 안 됐는데 직장에서 일하다 보니 영어가 너무 부족한 거예요. 그래서 영어를 더 공부해야겠다는 생각에 직장을 그만두고 영국으로 갔어요. 다행히 동생도 영문과를 다니고 있어서 같이 엄마를 꼬셨죠. 영문과 다니면서 한 번은 유학 가야 한다는 식으로요. (웃음) 그렇게 영국 가서 공부하고 아르바이트도 하면서 지냈는데, 저는 거기서 공부는 안 하고 연애해서 결혼한 케이스에요. (웃음)

결혼하고 아기를 낳으니 고민이 시작되는 거예요. 그 당시 아이 아빠가 '자기는 영국 사람도 아니고 한국 사람도 아니다'라는 정체성의 혼란과 고민이 있었거든요. 그러면 우리는 한국에서 아이를 키우자 해서 가족이 다 같이 한국으로 들어왔어요. 그러면서 저도 사회 활동을 해야 하니까 뭘 할까 생각하다가 제일 잘 할 수 있는 게 영어였던 거죠. 그래서 김해 쪽에서 영어 유치원 강사로 들어갔다가 경력이 쌓여서 나중엔 교수부장까지 했어요.

근데 영어 유치원은 정말 치열했어요. 학부모님들의 열의가 대단해요. 일단 유치원에 들어가면 무조건 영어로 이야기해야 하고 아이들도 한국말을 쓰면 안 돼요. 할 수 있는 말이 한정되어 있다 보니 아이들과 선생님이 정서적으로 잘 닿지 못하는 부분이 생기더라고요. 근데 그건 곧 부모님과의 트러블이 되잖아요. 제 역할은 선생님과 부모님 간에 생긴 트러블을 중간에서 중재하는 거였어요. 또 원어민 선생님과 원장의 문제, 선생님들 간의 문제를 중간에서 조율했는데, 그게 스트레스가 엄청났어요. 그렇다고 학기 중에 갑자기 일을 그만둘 수는 없잖아요. 산청으로 와서도 6개월 정도는 새벽에 일어나서 출퇴근했거든요. 아침에 가면서도 계속 졸음운전하고, 가서도 제대로 된 일을 할 수 없는 거죠. 출근하면 정신이 번쩍 들었다가 저녁에 일 마치면 지쳐서 돌아오기를 반복하다가 문득 '내가 이렇게 살아서 되겠나'라는 생각이 들었어요. 그래서 학기 마치면서 일을 완전히 그만두고 산청으로 왔죠.

정말 스트레스가 심했을 것 같아요. 가슴이 꽉 막히는 기분이네요. 그런데 어쩌다 김해에서 산청까지 오게 된 거예요?

제 고향이 부산이거든요. 진주에서 태어났고 초등학교 때 가족이 다 부산으로 이사 가서 거기서 대학교까지 나왔어요. 일도 거기서 하고요. 나중에 결혼해서는 언니가 터를 잡은 김해로 가야겠다 싶어서 거기서 같이 지냈고요. 자매들은 원래 그렇게 잘 뭉치거든요.

지금 산청에서 지내는 집은 엄마가 어릴 때 살던 집이었어요. 외삼촌이 파신다는 집을 어머니가 다른 사람한테 팔기는 아깝다고 당신이 사셨어요. 근데 집을 사고 1년이 안 돼서 어머니가 암 진단을 받으신 거예요. 마지막은 그 집에서 살고 싶다고 말씀하셔서 제가 산청으로 간병하러 오게 됐죠. 처음엔 간병하느라 아무 데도 안 다녔어요.

그리고 저는 커피를 좋아하는데 산청에는 커피 마실 곳이 많이 없더라고요. 제가 왔을 때만 해도 삼삼오오 모이면 다방에서 커피 배달시켜 먹었는데, 그게 약간 낯선 문화였어요. 그러니 내가 자유롭게 일하면서 커피 마시는 방법은 내가 직접 여는 것밖에 없겠다고 생각해서 카페를 연 거예요. 제가 생각하면 바로 행동으로 옮기는 스타일이라서요. (웃음) 지금도 있는데 그게 산청 1호 카페에요.

그러다 어머니가 돌아가시고 이제 앞으로 산청에서 어떻게 먹고 살지도 고민되더라고요. 영어 강사 쪽으로 알아보니 여기선 조건이 맞지도 않고요. 그래서 이것도 내가 직접 열어봐도 되겠다는 생각이 들었어요. 주변에 친구들을 모아서 학원을 열었고 그때부터 계속 운영하고 있어요.

뭐든지 직접 해보시는 게 마음이 편해서인가요? 시도하면서 리스크는 크게 염두에 두지 않는 편이세요? (웃음)

글쎄요… 일을 시작하는 걸 두려워하지 않는 스타일이에요. 뭐든지 '한다는 것'에 크게 의미를 두는 것 같아요. 실패해도 '하는' 거니까요.

학원 선생님이 학부모 모임 등 다른 지역 활동까지 하고 계시니까 신선했어요. 학원 선생님으로 일하면서 어려운 점은 없었나요?

그래서 가끔은 불편할 때도 있어요. 제가 뭘 나서서 하면 어떤 분들은 저 선생님이 학원에 애들 끌어모으려고 하는 건가, 이런 시선이 있을 때도 있고요. 다른 한편으로는 정치적인 성향이라든지 사회적인 이슈에 대해서 이야기하면, 학부모님들 중에 불편한 사람이 생겨서 학원생 떨어진다고 말씀하시는 분들도 많았거든요. 그래서 자제하면서 활동하고 있어요. (웃음)

두 가지 모두 잘 살기 위해서 하는 일인데 어딜 가나 그런 시선은 있나 봐요. 지역 활동은 2015년에 학부모님들과 함께 의무급식 투쟁하면서 시작하신 건가요?

그렇죠. 대외적으로 완전히 알려진 건 무상급식 의무화를 주장하면서였어요. 산청으로 이사 오면서 아이에게 경쟁적인 교육 말고 '자기가 하고 싶은 걸 할 수 있는 환경을 만들어주자' 했는데 다니게 된 학교도 생각했던 시골 학교가 아니더라고요. 예를 들어 대회 같은 게 있으면 잘하는 아이는 계속 기회를 얻고, 하고 싶어도 실력이 안 되는 애는 계속 소외되는 게 보였어요. 공교육 안에서는 우리가 생각하는 비경쟁 교육을 찾기 어렵겠다는 생각이 들더라고요. 어쨌든 다른 친구보다는 잘해야 내 점수가 올라가니까… 아이도 친구보다 1점이라도 낮으면 '나는 못 하는 것 같아'하고 자존감이 떨어지더라고요. 그래서 아이한테 "학교를 한번 쉬어 볼래?"하고 제안해서 홈스쿨링으로 전환했는데, 하다 보니 애네들(제 아들과 조카)이 너무 지겨워하는 거예요. 친구들하고도 놀아야 하는데 계속 엄마가 옆에 있고. 그래서 생각한 게 '더 작은 학교로 가보자!' 해서 산청 오부면에 있는 오부초등학교로 간 거죠.

그때 갑자기 당시 홍준표 경남도지사가 무상급식을 중단하겠다고 한 거예요. 초등학교 4학년 아들이 와서 "엄마, 나는 돈 내고 먹어야 해, 안 내고 먹어야 해?" 이걸 물어보는 거예요. 그래서 제가 "너는 어떻게 했으면 좋겠어?" 그랬더니 "난 돈 내고 먹고 싶어" 얘기하는 거예요. 그러니까, 아이들 사이에서도 돈을 안 내고 먹으면 '가난한 집', 돈을 내고 먹으면 '잘 사는 집' 이런 인식이 형성돼 있는 거죠. 이건 너무 비교육적이라는 생각이 들었어요. 그래서 학부모 회장님에게 얘길 했고 무상급식 중단 반대 성명을 낸 거예요. 그때 아이들 점심 급식을 보이콧하고 학부모들이 직접 점심을 만들어주는 퍼포먼스도 진행했고요.

그런 공감대가 산청 읍내까지 퍼져가면서 산청에서도 반대 운동이 시작됐고, 그때 모인 분들을 중심으로 학부모 조직을 만들자는 이야기가 나왔어요. 제가 산청군 학부모 대표가 됐는데, 다른 사람들이 한 발씩 뒤로 빠지다 보니 제가 앞에 나와 있더라고요. (웃음) 결국 경남에서는 산청이 제일 먼저 '무상급식 의무화 조례안' 통과시켰거든요.

그럼에도 한 달 만에 무산됐다는 기사를 봤어요. 지역민들에게 많은 이야기를 들으셨다고…

산청이 가장 먼저 조례를 통과시킨 이후로 홍준표 도지사의 눈에 안 좋게 들어서 예산이 깎였다느니 이런 말이 나오기 시작했어요. 주변 사람들도 “니 때문에 그거 안 됐다더라” 하는 말이 돌았어요. 빨갱이니 이런 소리도 듣게 되고… (웃음) 솔직히 빨갱이는 아닌데… 누구보다도 보수적인 사람인데… 저는 학교 다닐 때 나이트클럽도 못 가봤는데… (웃음)

아이고… 힘드셨겠어요.

그래도 재밌었어요. 지금도 같이 했던 분들하고 연결돼서 만나는데 “홍준표 아니었으면 우리가 어째 만났겠노” 이런 식으로 이야기해요. (웃음) 이후에 그 모임에서 인연이 돼서 ‘민들레 읽기 모임’도 만들고 김한범 선생님이 이 공간청소년 공간 명왕성을 만들고 싶다고 했을 때도 우리가 같이 힘을 보태기도 했죠.

활동하다가 받게 되는 비난은 어떻게 이겨내셨어요?

그런 건 제 귀에까지 안 들어오면은 문제가 안 되잖아요. 누가 그렇게 얘기하더라는 말은 있어도 제가 직접 들은 적은 딱 한 번밖에 없거든요. 그나마도 모르는 사람이 이야기하니 별로 충격적이지는 않았어요. 저한테 직접 대놓고 말씀하시는 분들은 없기 때문에 이겨낼 일도 별로 없었던 것 같아요.

강철 멘탈이시네요. (웃음) 학부모회에서 다 같이 뭉쳐서 운동했던 과정이 서로를 더 돈독하게 만들었을 것 같아요. 지역에선 이렇게 힘을 모아볼 계기가 잘 없잖아요.

무상급식은 결국 '의무급식'이라는 이름으로 다시 돌아왔고요. 무엇보다 그 과정을 통해서 저를 비롯한 주민들이 교육에 대해 더 많은 관심이 생겼어요. 지역에서 학부모가 이런 이야기들을 더 많이 해야 한다고 인식이 된 것 같아요.

그나저나 아이들은 시골 학교에 잘 적응하던가요?

더 좋아진 것 같아요. 진짜 신기했던 게 오부초로 전학 갔을 때 그 전 학교에서의 아이의 담임선생님이었던 분이 오부초등학교로 전근을 오셔서 또 담임을 맡게 된 거예요. 아이가 처음에 며칠 다니더니 하는 말이 "엄마, 선생님이 달라진 것 같아요" 그러는 거예요. 왜 다르냐고 했더니 선생님이 소리를 안 지르신대요. 그전에는 선생님이 한 반에 스물다섯 명 정도 되는 아이들을 맡다 보니까 의도와 관계없이 언성이 올라가고 그러다 보면 짜증도 올라갔겠죠? 그런데 오부초등학교에서는 반에 네 명 정도 앉아 있으니까, 문제가 생겨도 가서 얘기만 하면 되니까. (웃음)

그리고 또 한 가지 얘기한 게 점심시간에 진짜 밥을 먹는 것 같다고 하더라고요. "왜?" 그랬더니 그전에는 급식소에 가면 일단 빨리 먹고 나가야 한다는 강박 관념이 있었대요. 선생님이 밥 먹을 때 말도 못 하게 했다고 하더라고요. 한 명 한 명 얘기하다 보면 너무 시끄러워지잖아요. 그런데 오부초에서는 선생님하고 점심을 먹으면서 도란도란 많은 이야기를 한다는 거예요. 그렇게 이야기하는 게 너무 좋대요. 그 얘기 듣고 작은 학교로 선택하길 잘했구나 생각했었고 이런 학교가 사라지지 않게 주변 사람들한테도 여기로 오라고 많이 얘기했어요. 그 이후로 읍에 살면서 오부초등학교로 가는 아이들이 좀 생겼어요.

경쟁에서 벗어날 수 있었던 경험들이 지금 아이들에게는 좋은 환경이 된 것 같아요.

오부초등학교에서도 경쟁은 있지만, 읍내보단 훨씬 적어요. 무슨 대회가 있어도 일단 전교생이 다 나가야 하니까. (웃음)

현하님은 지역에 내려와 보니 삶이 도시와 어떻게 다르던가요?

저는 도시의 삶을 떠나서 지역에서 살아야겠다는 마음을 갖고 내려온 건 아니잖아요. 그런데 살아보니 너무 좋았던 경우죠. 잘한 선택이었다고 생각해요. 삶이라는 게 어떤 방향을 정해놓고 이대로 살겠다기보다는 매 순간순간의 선택으로 사는 건데, 한 번도 산청으로 내려온 선택을 후회한 적이 없어요. 사실 다른 도시로 갈 좋은 기회가 있었거든요. 최근에 저희 형부와 이야기하다가 "그때 우리가 이런 선택을 안 했더라면 어땠을까?" 하니 형부가 "그랬으면 우리 삶이 통째로 달라졌을 거야" 이 말을 하시는 거예요. 그때 순간 머리를 치면서 '맞아, 우리 그러면 즐겁게 못 살았을 거야', '아마 도시에선 애들 교육 고민도 컸을 거고, 집도 더 큰 곳으로 가야 한다 생각했을 거야', '지금과는 완전 정반대의 삶을 살고 있을 거야' 했어요.

영국이나 서울, 김해에서 직장 생활할 때와 지금의 삶의 지향이 달라진 점은 있나요?

승현 씨는 '뭔가를 이루려고 위만 바라보고 사는 삶이 아닌 다른 삶들을 보고 싶다'라고 하셨잖아요. 저도 똑같아요. 여기서 산다는 게 위가 아닌 옆을 보게 해주는 것 같아요. 내 주변에 누가 있는지, 어떤 사람이 있는지, 내가 도움을 줄 수 있는 사람이 있는지, 그리고 도움을 받을 수 있는 사람이 있는지 넓게 볼 수 있는 곳인 것 같아요. 누가 어떤 일을 한다 해도 서로 도울 수 있는 곳인 것 같아요. 이번에 이 인터뷰도 김한범 선생님이 전화했을 때 "부탁 하나 들어주세요" 하셔서 제가 "네, 알겠어요~" 했더니 "무슨 부탁인 줄 알고 그러세요?" 하시더라고요. "어머, 뭐 부탁이겠죠" 했거든요. (웃음) 그러니까 제가 어떤 부탁을 하더라도 그게 뭔지 물어보지도 않고 알았다고 해주는 그런 거 있잖아요. 그게 차이인 것 같아요. 도시에 살 때는 내가 할 수 있는지 없는지, 나한테 이득이 되는지 이런 걸 재야 했다면 여기선 그런 게 없는 거죠.

그리고 제가 김해 쪽에서 근무할 때만 해도 편두통 때문에 너무 고생했었거든요. 역류성 식도염도 있었고요. 6개월에 한 번씩 건강검진을 하고, 병원에 가서 CT 촬영하고 위내시경을 해도 아무런 문제가 없다는데, 계속 증상은 있는 거예요. 의사 선생님은 스트레스 때문이라고 하더라고요. 그런데 산청 와서 일 그만두고 6개월 만에 없어졌어요. 그 이후로 10년 동안 편두통을 겪어본 적이 없어요. (웃음) 그래서 주변에서 편두통 앓고 있는 사람들 보면 얼마나 힘든지 아니까 시골로 오라고 그러죠.

저는 시골 왔는데 편두통이 생기고 있어요. (웃음)

사는 곳이 어디냐가 중요한 게 아니라 어떤 일을 하고 누구를 만나느냐가 중요한 거 같아요. (웃음)

산청에서 오랫동안 머물 수 있게 해주는 힘은 아무래도 사람들에게서 나오는 걸까요?

네. 아무래도 일단 가족이 다 있고요. 만약에 가족들이 없었더라면 한 번은 생각해 봤을 것 같아요. 그리고 엄마 고향이었기 때문에 아는 분들도 조금 있고요. 아이라는 매개체를 통해서 학부모들도 많이 알게 됐어요. 그러니까 결국 '주변 사람'인 것 같아요.

학원은 다른 데 가서도 할 수 있지만 같은 생각을 공유하는 사람들은 만나기 어렵잖아요.

학원 이야기를 해볼까요. 학원 원장님은 어떤 역할을 하나요?

원장이면서 강사예요. 청소도 하고 오만 잡일 다 해요. (웃음) 학원을 언니랑 같이하거든요. 언니는 수학을 전공해서 수학을 담당하고 저는 전공은 아니지만, 영어를 담당하는데 운영에 관한 일도 제가 다 하고 있어요. 이걸 좀 나누려고 하면 언니는 그러죠. "내가 운영 맡았으면 니 맨날 교육청 끌려갔어야 했다!" (웃음)

현하님의 학원은 왠지 특별할 것 같아요. 어떤 스타일의 학원인가요? 일하시다 보면 개인 생활을 챙기기 어렵지 않나요?

학원은 처음엔 초등, 중등을 담당했어요. 초등은 시험 대비를 안 해줬는데 중등은 시험 기간이 있잖아요. 그때는 11시까지 학원에 있다 보니까 제 아이들을 잘 못 챙기더라고요. 그래서 중학생을 안 받았는데 그렇게 하니까 학원 마치는 시간이 7시가 되더라고요. 그때만 해도 저는 하루에 5시간 이상은 일하지 않는다는 철칙을 가지고 일했었어요. (웃음) 그러다가 초등학생 수가 점점 줄어드는 것도 있고, "우리 애는 꼭 중학교 가서도 여기서 공부시키고 싶어요" 하는 부모님도 계셔서 다시 중등을 받기 시작한 지 2년 정도 됐어요. 그래서 요즘엔 다시 8시 넘어서 마쳐요. 중학생

안 받을 때는 개인적으로 '민들레 읽기 모임'이나 '농민회 모임' 같은 걸 할 수 있었는데 지금은 못 하고 있어요.

그래서 일이 바쁘면 주변을 둘러보기 힘들다는 걸 요즘 느끼고 있어요. 공동체가 약해지고 도시 사람들이 연대할 수 없게 되는 게 개인의 문제가 아니라 사회적 구조의 문제라는 게 여기서 드러나는 거예요. 내 주변을 못 둘러보게 만드는 거예요. 어떤 강연이나 세미나에 참석하고 싶어도 못 가요. 그나마 요즘에는 인터넷이나 SNS로 소식을 접하면서 그나마 따라가고는 있어요. 저녁이 있는 삶이 이래서 중요하구나라는 걸 요즘 절실히 느끼며 살아가고 있어요.

현하님도 여유 없는 삶을 살고 계시지만, 요즘 10대들도 정말 바쁘잖아요. 학원 원장님으로서 10대들에게 해주고 싶은 말이나 해줄 수 있는 역할이 있다면?

아무래도 중학생 수업을 하게 되면 입시와 떨어질 수가 없거든요. 초등학교 5학년 때부터 입시 준비를 한다고 생각하면 돼요. 그런데 저는 계속 수업 중간중간에 아이들한테 질문해요. "뭐 하고 싶어?", "되고 싶은 직업은 뭐야?", "어떤 일을 하고 싶어?" 의도적으로 아이들이 그걸 생각할 수 있게끔 물어보는 거예요. 그럼 아이들 대부분은 "몰라요", "없어요" 그러는데, 간혹 어떤 친구들은 유튜브 크리에이터가 되고 싶다든지, 자기 꿈을 이야기하거든요. 그러면 "와! 진짜 멋있다!" 얘기해 주고 "넌 잘할 수 있을 것 같아"하면서 의도적으로 지지해주려고 해요.

그리고 저는 긍정적인 방향으로 생각을 많이 하거든요. (웃음) 사람들이 '너무 낙천적인 거 아니야?' 할 정도로요. 그런 성격이 제 직업과 잘 맞는다고 생각하는 게, 아이들을 보면 뭐든지 다 될 수 있을 것 같아요. 얘가 뭐 하고 싶다고 하면 '재는 진짜 이거 할 것 같아'라는 생각이 들고. 혼자서 나름의 상상을 하는 거예요. 얼마 전에 어떤 애가 자기는 배드민턴 선수가 되고 싶다고 하더라고요. 그래서 얼마 전에 화순에서 본 '이용대 체육관'을 그 친구한테 얘기해 줬어요. "어머, 나중에 산청에 너 이름으로 된 체육관이 생기는 거 아니야?" 이렇게 얘길 하니까 아이가 오히려 "선생님, 뭐에요?" 이런 표정을 하더라고요. (웃음) 그 아이는 배드민턴 치는 게 좋아서 얘기했을 뿐인데 내가 너무 부풀려서 이야기하니까. (웃음)

지금은 많이 사회가 바뀌어서 서울에서 오랫동안 교육받은 아이들이 좋은 대학 가는 경우가 많다고 하지만, 저는 여기 있는 아이들이 그렇게 못할 거라고 생각이 안 들거든요. 대통령이나 후보들도 다 시골 출신, 깡촌에서 올라간 사람들이잖아요. 그래서 학원에서도 아이들이 하고 싶은 걸 어떻게 할 수 있는지 알려주기도 해요. 예를 들어 누가 간호사가 되고 싶다고 하면 간호과가 있는 학교를 찾아봐서 그 친구한테 보여주고, 동물 관련된 학과를 가고 싶다 하면 우리 지역에 그런 일을 하는 사람이 있다고 소개해 주기도 해요. 물론 그 아이가 부끄러워서 안 만난다고 했지만요. 저는 이런 역할은 잘 할 수 있다고 생각해요.

단순히 학원 원장님이라고 규정하기엔 다양한 역할을 하고 계시네요.

네, 그렇죠. 솔직히 '사교육이 문제'라는 말도 있지만 저는 아이들을 케어하는 부분에서는 긍정적인 면도 있다고 생각하거든요. 고액 과외나 새벽까지 아이들을 혹사시키는 방식이라면 문제가 되겠지만요. 그래서 예전엔 어디 가면 항상 그렇게 저를 소개했었어요. '사교육 걱정 없는 세상을 꿈꾸는 원장'이라고요.

대부분 교육에 관심을 갖기 시작하는 건 내 아이를 생각해서잖아요. 그러다 보니 아이가 성인이 되고 나면 교육에 대한 고민이 끝난 것처럼 이야기하는 문화가 안타깝게 느껴질 때가 있어요. '교육'이라는 이름으로 어떻게 모든 어린이, 청소년에게까지 관심이 확장될 수 있을까요?

저희 '민들레 읽기 모임'도 처음엔 유치원, 초등학생 부모들이 만나서 어떤 주제로 토론하고 그걸 전체 교육으로 확대하는 방향을 함께 고민했는데, 지금은 아이들이 중·고등학생, 대학생이 되니까 사실 교육의 문제에서 조금씩 벗어나는 경향이 없지 않아요. 그런 영향으로 1년 정도 모임이 외유를 한 적이 있었어요. 그래도 다시 이건 아닌 것 같다 하면서 돌아왔죠. 아이들은 크게 신경 안 써도 되는 나이가 됐지만, 우리 지역의 교육 문제에 대해서는 계속 신경 써야겠다는 생각으로 돌아온 거예요. 그 원동력은 '민들레 읽기 모임'이었던 것 같아요. 김한범 선생님이 주축이 돼서 '우리가 할 수 있는 건 무엇인지', '청소년 공간을 살리고 유지하기 위해선 어떤 게 필요한지' 이런 걸 같이 고민하면서 모임을 유지하고 있어요.

플로깅도 하신다면서요?

처음에 그건 개인적인 욕구였어요. 분리배출 같은 걸 한다고 하는데 제대로 잘 안 되는 거예요. 그러면 쓰지 않는 것 말고는 방법이 없겠다 싶어서 민들레 모임에서 '쓰지 않기'를 했었어요. 물티슈 쓰지 않기, 종이컵 쓰지 않기, 이런 활동을 하다가 이걸론 부족한 것 같다고 생각해서 주변 사람들한테 떨어진 쓰레기라도 같이 줍자고 얘기를 했죠. 마침 '지속가능발전 산청네트워크'라는 단위가 생겼고, 이런 단체에서 주관하면 지속가능성이 있겠다고 생각해서 거기서 시작했어요. 군청에서 쓰레기봉투도 받을 수 있고, 지역 밴드에 올리면 여러 사람이 붙을 수도 있으니까요. 다른 지역으로 확장해볼 수도 있고요. 올해로 3년 차가 됐네요.

시대적 트렌드를 놓치지 않고 활동으로 연결하시는 걸 보니 사회적으로 가치 있는 일에 수완이 좋으신 것 같아요. 보통은 아이디어가 바로 떠오르지도 않고, 행동으로 옮기기는 더 어렵잖아요.

아마 처음엔 해양 쓰레기 관련 영상을 봤을 거예요. 거기서 충격을 받고 산청에는 경호강이 있으니까 강 주변에 있는 쓰레기를 주워야겠다 하던 게 시작이었어요. '민들레 읽기 모임'에서 시작해서 외부인들이 한두 분 늘어나고, 그다음엔 정기적으로 신안면 지역에서 행사로 열리기도 했어요. 같이 하신 분들이 되게 뿌듯해하셨어요.

사람을 잘 낚으시니까 가능한 것 같아요. (웃음)

맞아요. "같이 하자~" 이러면서. (웃음) 그게 중요한 것 같아요. 어떤 걸 하고 싶다고 했는데 옆에 같이할 사람이 안 붙어주면은 조금 쭈뼛할 수가 있거든요. 다행히도 산청은 "나 이거 하고 싶은데 같이 하자!" 그러면 옆에 항상 같이 하자고 하는 사람들이 있었어요.

현하님의 긍정 에너지 덕분 아닐까요? 어릴 때부터 긍정적이셨나요?

그랬던 것 같아요. 청소년 때도 공부한 기억은 없고 그냥 재밌게 놀았던 것 같아요. (웃음) 대학에 들어가야 한다는 마음도 없었던 것 같고요. 심지어 대학 갈 때 친구랑 같은 과를 가고 싶었는데, 선생님이 어떻게 한 반에서 경쟁할 수 있냐면서 그 옆에 있는 과로 가래서 정말 그 옆 과로 갔어요. (웃음) 그게 해양공학과였어요. 저는 문과 출신인데 아무 생각 없이 공대로 갔죠. 그래서 대학교 때도 공부에는 크게 관심이 없어서 자퇴하려다가 집에서 졸업장은 있어야 한대서 겨우 졸업만 했죠.

그래서 아이들한테도 항상 "지금은 선생님 때보다 대학이 훨씬 중요해진 건 맞지만, 나중에 네가 하고 싶은 건 얼마든지 할 수 있어" 그래요. 주변에 전공 살려서 일하는 사람 거의 없다고.

아이들이 모두 자라면 개인 김현하로는 어떻게 살고 싶으세요?

음, 개인 김현하로서… 지금도 제가 '누구의 김현하'라고 생각은 안 하거든요. 그래서 지금처럼 계속 살 것 같아요. 주변 사람들하고 연대하면서요. 솔직히 저는 이 지역을 위해서 활동한다기보다 내가 하고 싶어서 하는 거거든요. 내가 좋아서 하지만 이게 지역에도 좋고, 우주적으로도 좋을 거라고 생각해요. 얼마 전에도 민들레 모임 하면서 격렬한 토론이 있었는데, 지구 환경 문제가 주제였어요. 한 팀은 '언제 지구가 없어질지 모른다는 불안감 때문에 아이들이 비관적이게 되고, 뭐든지 안 하고 싶어 한다'라고 생각하더라고요. 그런데 저는 이렇게 얘기했어요. '물론 지금 상태가 안 좋지만, 종말까지 올 거라고는 생각하지 않는다. 인간으로 인해서 문제가 발생 됐지만, 이걸 해결하는 것도 분명히 찾아낼 수 있다.

왜냐면 실천하고 행동하는 사람들이 있으니까.' 우리가 여기서 하는 작은 행동들이 결국은 좋은 방향, 선한 방향으로 갈 거라고 바보같이 믿고 있어요.

그렇게 믿는 분들에게서 희망이 생겨나고, 새로운 에너지와 힘도 생길 수 있으니까요.

네. 저는 그게 원동력이 될 거라고 믿어요. 만약 비관만 하고 지구가 멸망한다고 생각하면 내가 지금 하는 이 행동들이 너무 의미가 없어져요. 이런 방식을 아이들에게도 계속 보여주고 싶고요. 다양한 이유로 행동을 안 하는 것보다는 조금이라도 행동을 하는 게 낫다고 생각하거든요. 그래서 지금처럼 계속 내 주변에서 필요한 일들 하면서 즐겁게 살 것 같아요.

저도 지역에 애착이 있다기보다 내가 지금 머무는 이곳을 나에게 좀 더 좋은 환경으로 바꿀 수 없을까 하는 생각으로 시작했던 것 같아요.

진짜 그래요. 제가 하는 일련의 행동에서 '이걸 해서 남이 더 좋아질 거야'라는 생각은 해본 적이 없어요. 이걸 하는 건 나한테 좋은 거예요. 그리고 나한테 좋은 건 내 주변 사람한테 좋은 거고, 내 주변 사람이 좋으면 그 주변 사람에게도 좋은 것이기 때문에 내가 좋아하는 것, 내가 즐거운 것, 내가 했을 때 기분이 좋은 것들을 하면서 살고 싶어요. 물론 다른 사람한테 해가 되는 건 하면 안 되겠죠. 그걸 조절해 가면서 하는 게 중요한 것 같아요.

현하님의 이야길 들으니 무엇이든 가능할 것 같다는 에너지를 얻게 되네요. 사람의 선한 영향력도 믿고 계시고요. 이런 활동이 지속 가능하려면 어떤 부분이 중요할까요?

저는 잘하고 많이 하는 것보다는 내가 힘들지 않게 꾸준히 하는 것에 초점을 맞추거든요. 쓰레기 줍는 것도 일주일에 한 번만 하니까 별로 힘들지 않아요. 그래서 꾸준히 할 수 있는 것 같고, '민들레 읽기 모임'이나 '명왕성 모임'도 한 달에 한 번 하니 별로 힘들지 않아요. 그래서 계속할 수 있는 것 같아요.

느슨한 연대가 중요하다고 많이들 이야기하잖아요. 아무리 좋은 일도 자신을 갈아 넣으면서 하다 보면 지속성이 떨어지는 것 같아요.

갈아 넣으면 안 돼요. (웃음) 그렇지만 확 불태우는 시기도 있는 것 같아요. 불태우고 조금 쉬었다가, 다시 확 타오르고… 그렇게 하는 분들을 우리가 "재는 열심히 할 때는 하더니 지금은 왜 이래!"하는 시선으로 보면 안 돼요. 사람마다 방식도 시기도 다 다른 거니까요. 다름을 인정하며 서로가 서로에게 기대어 살 수 있는 그런 세상이 내가 살아가고 있는 곳이라고 생각하면 뭘 해도 힘이 나고 뭘 시작해도 할 수 있다는 생각이 들어요. 그곳이 바로 지리산이 있는 산청, 여기라고 할까요?

WE WELCOME
ALL RACES
ALL RELIGIONS
ALL COUNTRIES OF
ALL SEXUAL
ALL GENDERS
ALL ABILITIES
WE STAND WITH
YOU ARE SAFE

김주희, 김지훈

이것은 진부하고 뻔한 행복

“

일이 잘 안 되더라도
언제나 비집고 들어갈
틈새는 있는 것 같아요.

중요한 것은 단순하게 생각하는 것,
그리고 일단 해보려고 하는 것이에요.

”

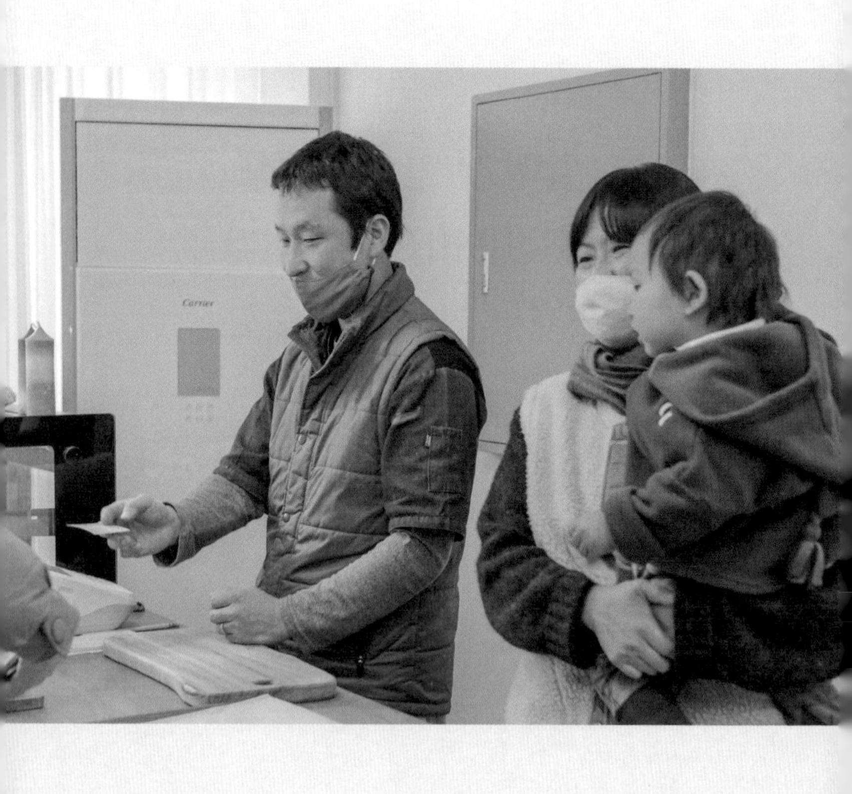
Carrier

이것은 진부하고 뻔한 행복

김주희, 김지훈(함양)

승현

안녕하세요. 내일 '소로 브레드' 개업하신다면서요? 축하드려요.

지훈: 판매를 시작한 지는 2주 정도 됐는데, 며칠 전에 주변 상인분들과 지인들에게 정식으로 인사하는 시간을 가졌어요.

소로 브레드의 '소로'는 무슨 뜻인가요?

지훈: 우리 아이들 이름이 해솔, 해오인데 뒷글자를 하나씩 땄어요. 들으시는 분들이 〈월든〉을 쓴 '헨리 데이비드 소로'나 '좁은 길小路'이라는 뜻으로 다양하게 해석하시더라고요.

빵에 대해서 오래전부터 생각하셨던 것 같아요. 빵에서 어떤 매력을 느끼셨어요?

지훈: 어릴 때부터 음식 만드는 걸 좋아했어요. 막연하게 빵집에서 일해보고 싶어서 20대 때 잠깐 일했었는데 너무 힘들어서 한 달을 못 넘겼어요. 서울에는 빵집도 워낙 많고 일할 곳도 많은데 지역에서는 사람을 잘 안 구하니까 미련이 남았다가도 잊고 살았거든요. 그러다 우연히 우리밀빵을 만드는 일을 하게 되었고 재밌었어요.

지금도 '빵 일이 이렇게 힘든데 왜 매력이 있을까?' 하고 생각이 들어요. 아직 답은 못 찾았어요. 그런데 빵이라는 게 효모로 만드는 음식이니까 어려우면서 재밌는 부분이 있어요. 어떤 날은 빵이 너무 잘 돼서 세상을 다 가진 것 같은 기분이 들다가도, 또 어떤 날은 같은 방법으로 해도 미세한 차이 때문에 다르게 나와서 우울해지기도 해요. 그래도 다행인 건 다음 날 다시 해볼 수 있는 거예요. 꾸준히 고민하고 노력하면 보완할 수 있으니까요. 아직 미숙하긴해도 이런 점이 빵의 매력이지 않을까요? 저는 빵 만드는 일을 잘해보고 싶고 꾸준히 하고 싶어서 가게를 차리게 됐어요.

빵에 관심만 있을 때와 직접 가게를 차렸을 때 어떤 차이가 있었어요?

지훈: 해보니까 너무 다르더라고요. 해야 할 일도 너무 많고요. '어떻게 하면 안 지치고 오래 할 수 있을까' 이런 고민을 많이 하는 것 같아요. 가게를 차리기 전엔 이렇게 많이 힘들 줄 몰랐어요. 어떤 분은 "왜 빵을 조금밖에 안 만들어요?" 하시는데 이것도 겨우 해내는 제 수준을 보고 많이 좌절하기도 해요. 뜨문뜨문 빵을 만들다 보니 기간을 다 합쳐봐야 2년 정도밖에 안 되거든요.

그런데 가게를 준비하고 혼자 빵을 만들었던 최근 몇 달 동안 더 많은 것을 배운 것 같아요. 운영 측면도 그렇고, 빵에 대한 고민의 깊이도 달라졌어요. 빵집에서 직원으로 일할 땐 이런 묘미를 못 느껴보잖아요. 이제 가게를 열었으니 매출 걱정도 되지만 지금은 빵이 어떻게 나오냐에 따라서 기분이 달라져요. 잘 안 되면 힘들고 잘 나오면 뭐라도 할 수 있을 것 같은 자신감이 생겨요.

또 지금은 제가 만든 빵을 전혀 몰랐던 사람들이 와서 돈을 주고 산다는 게 너무 신기해요. 그분들의 식탁에 내 빵이 놓인다는 걸 상상하면 재밌기도 하고, '저 사람은 뭘 믿고 내가 만든 걸 사 갈까?' 생각도 들고요. 제 빵을 먹으면서 행복할 수도 있지만 정말 맛없어서 싫을 수도 있잖아요. (웃음) 요즘은 이런 상황들이 새롭고 신기해요.

그래서 그만큼 정직하게 하려고 해요. 사실 유혹도 있거든요. 만드는 방식을 바꾼다거나 값싼 재료를 쓴다거나 하면서요. 이 조절을 잘해야 할 것 같아요. 소비자는 말하지 않으면 모를 거란 말이에요. 유혹에 이끌리면 당장은 수익이 더 날 수는 있을지 모르지만, 조심스러운 부분이 많죠.

'소로 브레드'에서는 화학적인 재료가 덜 들어간 빵을 만드시죠? 인공적인 것에 대한 거부감 같은 게 있으셨어요?

지훈: 그런 거부감이 크다기보다 과하게 인공적인 음식에 대해서는 경계하고 있어요. 모든 재료를 유기농으로 사용할 순 없지만 그렇다고 안 좋은 걸 쓰고 싶지는 않아요. 다만 한 가지 유지하고 싶은 건 '우리밀'이에요. 단가도 고려하면서 우리 아이들에게도 줄 수 있는 재료를 사용하고 싶어요.

또 웬만해서는 기본 레시피대로 다양한 빵을 만들어 보고 싶어요. 예를 들면 크루아상은 원래 버터가 들어가니 좋은 버터를 넣고, 레시피에 달걀이나 버터가 들어가지 않으면 비건 빵이 되는 거죠. 재료를 제한하면 만들 수 있는 빵도 제한적이게 되는데, 빵에 관해서는 여러 가지 경험을 제대로 해보고 싶고 그에 맞는 적정선을 찾고 싶어요.

두 분은 빵 말고도 '지음과 살림' 블로그를 연합으로 운영하고 계시더라고요. 이건 어떻게 시작하게 되셨어요?

주희: 지음과 살림은 건축을 기반으로 한 협동조합인데요. 저는 건축설계 일을 했었고, 육아를 하면서 일은 쉬다가 2년 전에 조합에 들어가게 되었어요. 처음에는 '건축공방지음'이라는 이름으로 시작했고 지금은 저희 둘 다 조합원이에요. 다른 구성원들도 함양으로 귀촌한 가족들이고 모두가 농사, 음식, 손으로 만드는 것들에 관심이 있어요. 그리고 비슷한 또래의 아이들을 키우고 있다 보니 '살림'이라는 가치로 주제들이 확대되었어요. 건축을 기반으로 하지만 각각 구성원들에게 알맞은 경제적 활동을 발전시켜 나간다면 이곳에서의 삶이 더 풍성해질 것 같아서 작년에 '건축공방지음'에서 '지음과살림협동조합'으로 이름이 바뀌었어요.

누구 아이디어인지는 몰라도 그 단어를 좋아하셨던 것 같아요. 주희님이 '함양 온배움터' 잡지에 실은 만화에도 '살림'이라는 단어에 대한 생각을 쓰셨잖아요.

주희: '지음과 살림'은 제가 지은 말은 아니에요. 오히려 처음에는 너무 거창한 단어가 아닌가 생각도 했었는데 지금은 좋은 것 같아요. (웃음) 우리가 '살림살이'라는 말을 평소에 쉽게 쓰는데 집안일과 육아를 하면서 '살리다'라는 말이 새삼 이해되고 와닿게 되었던 거 같아요.

주희님은 그전에는 어떤 일을 하셨어요?

주희; 온배움터녹색대학에서 생태건축을 전공했고 학교 분들과 건축 현장에서 기사로 일을 했어요. 이후에는 설계 사무실에 가서 5년 정도 일을 했고요. 결혼하고 육아를 하면서 일을 그만뒀어요. 벌써 5년 정도 됐네요. 지금은 협동조합에서 도면이나 디자인이 필요한 일을 아르바이트 형태로 같이 하고 있어요. 최근에는 함양의 용평마을과 인당마을의 재생 사업에 참여했는데, 노화된 집의 공사 범위와 재료를 정한다던가, 마을에 들어가는 벽화를 어떤 테마로 꾸밀지 이런 것들을 함께 계획하는 작업을 했어요.

건축에서 친환경, 생태라는 건 어떤 부분인가요?

주희: 제 생각엔 에너지에 대해 고민한다는 점이 제일 중요한 부분 같아요. 석유나 전기 같은 외부에너지에 의존도가 낮은 건물, 또 집의 수명이 다했을 때 재료들이 어떻게 될지에 대해서 생각해 보는 게 생태건축인 것 같아요. 예를 들면 집의 방향이나 창문을 어떻게 내느냐에 따라서 에너지를 적게 쓰는 좋은 집이 될 수도 있고, 재료도 흙으로 자연스럽게 돌아간다면 제일 좋겠죠. 아, 무엇보다 시골에 살다 보면 여름에는 시원하고 겨울에는 따뜻한, 기본에 충실한 집이 좋을 집이라는 것을 몸으로 실감하게 돼요. 혹시 시골집에 사세요?

시골집에 살다가 최근에 리모델링한 집으로 이사했어요.

주희: 시골에 살다 보면 여름에 덥고 겨울에 추운 걸 해결하는 게 큰 고민이잖아요. 변화되는 자연환경에 적절히 대응하면서 쾌적하게 살 수 있는 걸 고민해 보는 거죠. 일반 건축은 에너지 측면에서는 외부환경과 건물 안이 나뉘는 느낌이죠.

집의 단열이 안정되니까 삶의 질이 확 올라가더라고요. (웃음) 특별히 생태 건축이나 공간 디자인이 마음에 들었던 이유가 있었나요?

주희: 잘 디자인된 조화로운 공간에 대해서는 항상 관심 있었던 것 같은데, 지나고 보니 누군가의 집을 지어주고 싶은 목표보다는 이상적인 삶의 형태에 관심이 많았고, 스스로 집을 지어보고 싶은 마음도 컸던 것 같아요. 온배움터에서 배웠던 생태건축에 관한 내용과 일반 설계사무소에서 배운 것들은 많은 부분 다름에도 불구하고 두 가지를 모두 경험했던 게 저한테는 좋은 경험으로 남아있어요.

구체적으로 생태건축과 일반 설계사무소는 어떤 차이가 있어요?

주희: 일반 설계사무소에서는 생태, 친환경을 고려한 방향으로 일이 되는 경우는 잘 없죠. 바쁜 일정 속에서 우선 건축법을 검토하고 의뢰인의 상황과 요구에 맞춰서 설계를 풀어가요. 그러면서 실무적인 일들을 배울 수 있었고 그런 부분은 매우 중요하다고

생각해요. 또 많은 사람을 만날 수 있어서 좋았어요.

현장 기사나 건축 일엔 상대적으로 여성이 적잖아요. 주희님은 그 일에서 어떤 매력을 느끼셨어요?

주희: 여러 기술을 가진 사람들이 모여서 그들의 땀으로 구조물이 지어지고 형태와 공간이 완성되는 과정, 그 현장 분위기와 에너지를 좋아했던 것 같아요. 건축설계 일은 여성분들도 많이 하시는데, 컴퓨터 안에서 이루어지긴 하지만 하나의 건물을 가상으로 지어보는 일이에요. 공간을 상상하고 공부하면서 건축주가 원하는 공간을 퍼즐 맞추듯이 하나씩 구성해 보는 일이죠. 균형 있게 결과물이 나왔을 때 성취감이 있어요.

그런 것들이 잘 맞아떨어질 때의 쾌감이 있을 것 같아요. 제가 생각하는 건축 현장은 남성이 대부분이고 분위기가 거친 면도 있다고 생각하는데 그런 점에서 힘든 건 없으셨어요?

주희: 건축 현장에 여러 명의 기사가 있어도 '커피 좀 마시자', '컵라면을 끓여달라'는 요구는 주로 여성들에게 하게 돼요. 그것이 어느새 여성에게 전담되는 분위기가 싫어서 사무실에 돌아와서 화를 낸 적이 있어요. 암묵적으로 만들어지는 분위기를 쉽사리 이러지도 저러지도 못했던 거 같아요.

건축 현장은 위계가 확실히 느껴지는 장소이기도 하죠. 결혼 이후에 일이 끊긴 데서 오는 아쉬움은 없으세요?

주희: 저희 가게 바로 위층이 설계 사무실이거든요. 농담으로 가고 싶다고 그랬는데… (웃음)

사실 그렇죠. 그 일을 싫어해서 그만둔 게 아니니까요. 좋아했었고 적성에도 잘 맞았기 때문에 아쉬움이 있어요. 결혼하고 첫 아이를 키운 지난 몇 년은 그런 마음을 바라보며 고민하는 시간이기도 했어요. 이후에는 단발적이긴 해도 '함양산삼축제' 기간 동안 운영했던 숲 놀이터, 마을 재생사업, 작은 건물들의 디자인이 필요한 일에 조금씩 참여하긴 했어요.

두 분의 과거 이야기도 들어보고 싶어요. 여기 내려오기 전에는 어디서 지내셨어요?

지훈: 저는 인천 출신이에요.

주희: 저는 대구예요. 근데 저희는 스무 살 때 내려왔기 때문에 삶의 절반을 지역에서 보냈어요. 고등학교 졸업하고 바로 왔고 도시에는 중간에 직장 생활하러 잠깐씩 나가보기도 했어요. 그런데 도시에 나가면 처음 2~3일은 좋은데 저희 같은 경우는 재미가 없긴 했던 것 같아요. 소비하지 않으면 문화적 욕구를 충족시킬 수 없고, 하다못해 쉬려고 해도 소비해야 하니까요. 돈도 돈이지만 그런 걸 매번 선택하는 과정이 피곤하게 느껴지기도 했어요. 그런데

여기에서는 과일 한 알, 차 한 잔을 두고 어떤 이야기도 나눌 수 있고, 누가 기타를 들면 같이 노래 부르면서 시간을 보내니까 문화적인 충족도 돼요. 도시에선 그런 일이 드물기 때문에 여기에서의 삶이 더 풍요롭다고 느끼는 것 같아요.

지역에 사는 것에서 오는 불안은 없으셨어요?

주희: 음, 도시에서는 오히려 친구를 사귀는 게 힘들었던 것 같고. (웃음) 먼저 연락해서 약속 잡고 만나고 잘 그러지 않아서요. 여기선 생활 속에서 이웃들과 만나지니까 이런 관계들이 훨씬 편안하게 느껴지는 것 같아요.

20대 땐 '뭘 하고 살아야 할까?'라는 불안이 항상 있었던 것 같아요. 물론 지금도 없지는 않아요. (웃음) 아이 키우고 마흔 살에 가까워지면서 조금씩 삶에 대한 불안이 줄어드는 것 같아요. 나이가 들어서 좋다는 게 이런 건가? (웃음) 뭘 해야겠다거나 뭘 해야 할지 고민하는 데 에너지를 덜 쓰고, 있는 것을 잘 가꾸는 데 집중해요. 적당하게 힘이 빠지는 거죠.

삶의 방향이나 가닥이 서서히 잡혀가는 느낌이 드나요?

주희: 후배뻘이 있으면 "난 지금도 진로 고민한다" 이러거든요. (웃음) 이제는 내가 소중하게 생각하는 것, 좋아하는 것들을 성실하게 해내고, 집중해서 에너지를 쓰는 게 뭔지 조금은 알 것 같

아요. 아이를 키우면 그렇게 돼요. (웃음) 내가 할 수 있는 것의 한계가 분명해지고 한정된 시간을 어떻게 잘 쓸까, 항상 생각하기 때문에 정말 내가 하고 싶은 게 뭔지 좀 더 분명해지는 게 있죠.

지훈님은 지역 생활이 어떠셨어요?

지훈: 저도 고등학교 졸업하고 바로 지역으로 왔어요. 그때 가장 필요했던 건 집중해서 할 수 있는 일이었는데, 시골에는 항상 일거리가 있는 게 참 좋더라고요. 제가 몸을 쓰는 걸 좋아해서 여기에서는 겨울엔 나무하고 봄이 되면 농사를 지었어요. 20대 때 방황도 많이 했지만, 일거리가 있어서 어느 정도 불안이 해소되고 방향을 잡아준 것 같아요. 특히 시골 분들이 존경스러웠던 게 머리로만 하는 게 아니라 몸으로 터득한 걸 얘기해주시거든요.

저도 시골 와서 기술이 정말 필요하다고 느껴요. 예를 들어 여기선 보일러가 고장이 났을 때 도시의 수리 서비스를 기대할 순 없잖아요. 시골에선 전천후 기술자가 되어야 하는 것 같아요.

지훈: 기술을 배우려면 많이 해볼 수밖에 없는 것 같아요. 생활 기술, 적정 기술이겠죠.

지훈님은 지역에서 지내시면서 불안은 없으셨어요?

지훈: 불안… 보다는 몇 년간 마을 이장님 밑에서 지도자 일도 하면서 마을 구성원으로 정착해서 살아보려고 많이 노력했어요. 그런데 종종 외지인으로 구분되는 느낌을 받다 보니 외로움이 생길 때도 있었어요. 그런 점에서 서로 적당히 거리를 둘 수 있는 도시가 편한 부분도 있더라고요.

그리고 시골은 마을마다 특성이 있는데, 저희 마을 같은 경우는 마을 주민들이 함께하는 일들이 많았어요. 개인사보다 마을이 우선인 경우도 많았고요. 마을에서 어울리면서 느끼는 따뜻함도 너무 좋고, 유대감도 꽤 컸지만 가끔은 부담될 때도 있었어요. 요즘은 새벽에 나와서 저녁 늦게 들어가니까 마을 분들과 마주칠 일이 잘 없네요. 최근엔 시골 살면서 도시 생활 패턴처럼 살고 있어요.

두 분 다 녹색대학 출신이시죠? 어릴 때부터 대안을 선택할 수 있었던 계기가 있나요?

주희: 저는 중학교 때부터 대안 교육에 대해서 관심이 많았어요.

어떻게 그럴 수 있죠? (웃음)

주희: 중학교 1학년 때였나, 밤에 혼자 TV를 보다가 《현장르포 제3지대》라는 프로그램을 보게 됐어요. '산청 간디학교'가 주제였는데, 여기가 1997년도에 우리나라에서 처음 설립된 대안학교거든요. 다큐에서 그 학교를 다니는 제 또래의 애들이 나오는데, 저랑은 너무 다른 환경이었고 아이들이나 선생님에게서 느껴지는 에너지가 너무 부럽더라고요. 제가 다니던 중학교를 그만두신 선생님이 화면 속에서 화장기 없는 얼굴로 웃고 계신 것도 보았어요. 그때 나도 저런 곳에서 가고 싶다고 생각했던 거 같아요. 그러다 제가 고3 때 대안 대학교인 녹색대학이 생겨서 오게 됐어요. 돌아보면 저는 시골살이에 대해서는 항상 관심이 있었던 것 같아요. 여섯 살 때 할머니 댁에서 2년 정도 산 적이 있어서 그때의 기억으로 시골에서 살고 싶다는 생각을 조금씩 했던 것 같아요.

어릴 때부터 삶의 방향을 대안적 삶으로 잡았던 거네요.

주희: 사람들은 "어떻게 스무 살에 그런 선택을 했어? 대단하다!" 이런 말을 하는데, 모두가 기존의 시스템이 싫거나 인위적인 것에 대한 거부감 때문에 시골을 찾는 것 같진 않아요. 고민이나 계기가 있었다기보다 이 삶이 더 편하고 나한테 어울리는 것 같아서 온 거라고 이야기해요.

지훈님도 시골 오는 게 자연스러운 과정이었나요?

지훈: 저는 고등학교 때 공부도 못하고 관심도 없는 평범한 학생이었어요. (웃음) '대안'에 대해서는 전혀 몰랐고요. 그런데 어릴 때부터 동물을 좋아해서 많이 길러봤어요. 그래서 동물에 관련된 일을 하고 싶다는 생각이 막연하게 있었는데 뭐, 성적이 돼야죠. (웃음)

그 당시에 제가 좋아했던 분이 '제인 구달Jane Goodall'이었어요. 인터넷으로 제인 구달에 관한 글을 읽다가 어떤 배너를 클릭했는데 녹색연합에 연결되더라고요. 그렇게 녹색대학을 알게 됐는데 '실질적으로 살아갈 수 있는 기술을 배운다' 이 말이 와닿았어요. 원래 학교에 갈 생각이 없었는데 여기라면 가고 싶다는 생각이 들었죠.

어릴 때 이렇게 살고 싶다는 이상향 같은 게 있었어요?

지훈: 저는 소박했어요. 고등학교 때도 꿈이 뭐냐고 많이들 물어보잖아요. 다들 직업 이야기할 때 저는 좋아하는 동물 키우면서 행복하게 사는 게 꿈이라고 했어요. 그래서 여기에 와서는 멧돼지나 오리, 강아지 이런 친구들을 많이 길렀어요. 새끼 멧돼지가 자라서는 몸집이 엄청 커졌는데 어릴 때부터 사람하고 같이 있어서 그런지 순했어요.

두 분의 시골살이 가치관이 잘 맞아서 시너지가 났을 것 같아요.

주희: 맞아요. 서울에 사는 분들 보면 정말 집이 해결이 안 되더라고요. 연봉이 1억이 돼도 내 집을 갖는 게 쉽지 않다는 걸 들었어요. 집을 사더라도 돈을 버는 동안 계속해서 대출금을 갚아 나가야 하고요. 그래도 하던 일을 놓고 생활권을 바꾼다는 게 쉬운 일이 아니죠.

지금은 시골집을 리모델링 해서 지내고 계시죠? 예전 집이랑 비교해보면 어떤가요?

지훈: 엄청 차이 나죠. (웃음) 전에 살던 집은 정말 옛날 흙집으로 구들이 놓인 곳이었는데, 겨울에 머리맡에 물 떠 놓고 자면 물이 얼 정도였어요. 흙집이라 단열이라는 개념 자체가 없었고, 구들이라고 잘 돼 있는 게 아니었고요. 자는 공간만 따뜻하고 밥을 하는 공간은 밖에 있어서 밥을 차려서 날라먹던 생활을 몇 년 했었죠. 화장실도 외부에 있었고요. 지금은 많이 편해지긴 했어요. 시골에서 잘 지은 집보다 아주 따뜻한 집은 아니지만 저희가 손수 고친 부분도 많다 보니까 그 나름의 멋은 있죠.

요즘의 삶에 대해서는 만족하세요?

주희: 이 빵 가게를 열기까지 오래 걸렸어요. 거창에서 지내다 함양으로 다시 오기까지 몇 년이 걸렸네요. 거창에 가기 전 남

편은 함양 오일장에 장날마다 나가서 매대에서 1년 정도 빵을 팔았어요. 그런데 남편이 빵을 전공한 것도 아니고 경험도 많지 않으니까 새로운 빵을 시도할 때마다 한계를 느끼고 더 나아가지 못하는 것 같다고 하더라고요. 그래서 일자리를 찾아서 떠났었고, 남편 혼자 서울에서 고시원 생활하면서 몇 달간 빵을 배운 적도 있어요. 예전부터 가게 장사를 하고 싶어 했고, 빵을 시작하면서는 본인이 생각하는 빵을 만들고 싶어 했어요. 힘든 과정을 겪었지만 요즘은 매일 빵을 만들고 먹고 있으니까 감사하고 행복하죠.

지금 같은 형태의 삶을 유지하는 데 어떤 점이 가장 도움된 것 같나요?

주희: 주변에 좋은 이웃들이 있다는 게 떠오르네요. 이 삶을 유지할 수 있는 건 마음을 나눌 수 있는 사람들이 주변에 있기 때문인 것 같아요. 도시에서의 취미 활동 동호회라든가, 종교 활동 모임과는 조금 다르다고 생각해요.

비슷한 공감대를 가진 커뮤니티가 주는 힘이 있죠. 블로그도 마음 맞는 이웃들과 함께 운영하시잖아요.

주희: 네. 아이들 때문에 형성된 그룹인데 좋아요. 그리고 저도 애 키우면서 느꼈던 건데 사람한테 배우는 게 제일 큰 변화를 주는 것 같더라고요. 좋은 책에서도 영향을 받을 수 있지만, 집중해서 책 읽을 시간이 많이 없으니까 사람 만나서 이야기 들을 때

정말 재밌어요. 하루 종일 둘째랑 같이 있다 보면 하는 대화가 '멍멍', '야옹', '잘했다', '똥 쌌어? 씻으러 갈까?' 이런 수준의 말이죠. (웃음) 그래서 예전에는 싫어했던 회의도 지금은 재밌어요.

어려운 문제를 겪어갈 때 개인 내면의 강점도 있나요?

지훈: 어려움이 있을 때 항상 틈새가 있다고 생각하는 것 같아요. 예를 들어 주변에 투박한 빵 말고 다른 걸 해보라는 사람들도 많은데, 그래도 저는 좋아하는 사람이 있을 거라고 생각하는 식이에요. 언제나 일이 잘 안 되더라도 비집고 들어갈 틈새는 있는 것 같아요. 또 너무 복잡하게 생각 안 하려고 하는 것도 있고요. 단순하게 생각하려고 하는 것, 그리고 일단 해보려고 하는 것. 그리고 저는 참을성이 있는 것 같아요. 지금 사는 시골집을 1년 동안 거창에서 왔다 갔다 하면서 틈틈이 고쳤거든요. 심리적으로 되게 지치더라고요.

주희: 저도 마지막에 마감 때문에 2주 동안 같이 했는데 '이걸 1년을 했다니 저 사람도 참 징하다' 싶더라고요. 그때야 얼마나 힘들었을지 알게 된 것 같아요.

지훈: 그걸 통해서 끈기가 길러진 것 같아요. (웃음) 주 4일 정도는 아이스박스에 도시락 싸 들고 왕복 2시간 거리를 다녔어요. 나중에는 그 도시락통조차 보기 싫더라고요. (웃음) 끝이 안 보이니까 이게 맞나 싶기도 하고. 그리고 건축은 보조 역할만 하다

보니 막상 혼자서 집을 고칠 땐 어떻게 해야 할지 잘 모르겠더라고요. 유튜브 보면서 어떻게 끝낸 것 같아요.

지금 이렇게 빵 가게를 차리고 빵을 만들면서 좌절할 때도 있지만, 어떻게든 돌파구와 해결책을 찾으려는 있는 맷집은 집수리하면서 생기지 않았나 생각해요.

그렇게까지 했으니 집에 대한 애착이 더 생겼을 것 같아요. 저도 직접 만든 가구는 볼 때마다 기분이 좋거든요. 그런데 집을 짓는다고 상상하면... 아직 발이 묶일 준비가 안 된 것 같아요.

지훈: 저희도 그래요. 오히려 20대에는 마을에 어떻게든 정착해 보려고 노력하면서 보냈어요. 그러다 용기를 내서 거창에 2년 정도 살다 왔는데, 그 경험으로 '내가 정말 원하는 데를 발견하면 옮겨 갈 수도 있겠다'라는 생각이 들었어요. 처음엔 떠나면 안 되는 줄 알았거든요. 마을 분들에게 나는 떠나지 않는다는 이미지를 심어주고 싶었던 것 같아요. 그동안 다른 사람의 눈을 많이 의식해서 살았던 것 같은데 되려 한 번 나갔다 오니까 원하는 곳이 있으면 떠나도 괜찮다 싶어졌어요. 그래서 저희도 아직 집을 짓고 싶진 않아요. 우리가 여기에 계속 살고 싶은지 고민하고 있고, 여기가 마지막 집은 아닐 거 같아요.

다시 어딘가로 떠난다면 그곳이 도시가 될 수도 있나요?

주희: 아니요. 더 깊은 시골, 숲이 있는 곳으로 가고 싶어요. (웃음)

지훈: 이젠 산에서 살 수 있을 것 같고요. 진짜로요.

우와! 멋지네요. (웃음) 사람들과 함께 하는 건 좋지만 마을에서 진하게 교류할 땐 힘든 점도 있죠.

지훈: 맞아요. 저희는 마을 한가운데서 살고 있거든요. 그렇게 10년 넘게 마을 사람들과 살면서 불편한 점도 생기고…

저는 동네 할머니들에게 풀 안 베는 걸로 자주 평가 됐어요. 그분들에게는 그게 부지런함의 잣대가 되니까. 내 일을 열심히 해도 마당 풀을 안 베면 게으른 사람이 되더라고요. 지금은 마을 분들과 거리가 있는 집이라 확실히 편해졌어요.

주희: 우리 세대가 그런가… 적당한 익명성이 익숙하고 편한 것 같긴 해요. 그래서 마을로 들어오려는 사람이 있으면 다시 한번 잘 생각해 보시라고 해요. (웃음)

지훈: 시골로 오는 젊은 분들은 힘들어하죠. 그런데 분명한 건 마을에서 잘 지냄으로써 오는 유대감은 어디 비할 바가 못 돼요. 마을 분들에게서 환영받거나 한 마을 사람이라는 게 느껴질 때의 기쁨은 참 크거든요. 그래서 시골을 고민하는 분은 두 가지 모

두를 생각해 보면 좋을 것 같아요.

요즘은 기후 위기나 코로나19가 기승이잖아요. 이렇게 변화하는 주변 환경에서 오는 어려움이나 걱정은 없으세요?

주희: 어렸을 때부터 자연 보호나 환경 얘기는 들었지만, 이제는 더 실감이 나죠. 아이들 식사를 챙길 때면 먹거리에 대한 안전함을 보장받지 못하는 시대구나 자주 느껴요. 생선을 먹어도 미세 플라스틱이나 방사능에서 자유롭지 않으니까요.

또, 예전처럼 사람들과 만나서 느끼고 배우는 기회도 많이 줄었죠. 그나마 저희는 마당에 나가면 들이나 산도 보이고 이웃들도 만나지는데 도시는 더 답답할 것 같아요. 여긴 인적이 드물어서 아이들도 마스크 벗고 마을 한 바퀴 돌면서 놀아도 되는데… 요즘 같은 시기에 아이 키우기에는 여기가 나은 것 같아요.

지훈: 환경에 대해서는 인간의 잘못된 선택으로 인해서 되돌려받는 거라 생각해요. 그런 상황에서 저희는 어떻게든 생계도 유지해야 하는 거고요. 빵을 판매해서 생계를 유지해야 하는 사람으로서 어떻게 하면 환경에 해를 덜 끼치면서 할 수 있을지 고민하고 있어요. 사실 비닐 포장을 하면서도 양심의 가책을 느끼거든요. 종이 포장을 해보기도 했는데 손님은 좋은 품질의 빵을 찾으시니까 비닐 포장을 아예 안 할 수가 없어요. 이 딜레마를 해결하기가 참 어려워요. 아직 답을 찾아가는 과정인데 이런 고민은 계속해야 할

것 같아요.

그 부분은 손님의 생각도 같이 맞물려져야 가능한 것 같아요. 제가 일했던 매장에서는 손님이 빵을 포장 없이 사고 싶다고 예약해두고 개인 용기에 담아가시길 요청하시는 분들이 꽤 계셨거든요.

지훈: 그러니까요. 요즘 생분해 비닐이 있다고는 하는데 쓰레기 처리 과정에서 그건 의미가 없더라고요. 생분해 플라스틱도 어느 정도 땅의 온도가 올라가야 분해되는데 어차피 매립장에서는 소각해버리니까요… 양심의 가책을 덜 느끼려고 사용하는 거지 실제 환경에는 크게 도움 되지 않겠다는 생각이 들었어요.

'완벽한 플라스틱은 없다'라는 말도 있잖아요. 대안이라고 제시되는 것들이 대안이 아닌 경우가 많죠.

지훈: 환경 문제에 관심 있는 손님들이 오시면 저희도 소소한 혜택을 드려서라도 상생하는 방법을 고민해야겠네요. 작은 일이라도 하다 보면 도움이 될까 싶네요.

가게에서 먼저 움직인다면 너무 좋을 것 같네요. 그런데 말씀하신 것처럼 두 분이 지내시면서 경제적인 부분에서 오랫동안 고민이 있으셨을 것 같아요. 그 부분은 어떻게 해결하고 계세요?

주희: 지금까지는 운이 좋았던 것 같은데, 저는 틈틈이 건축

일을 했고 단발적인 프로젝트에 참여하면서 인건비를 받았어요. 가벼운 일들이어서 육아와 일을 병행할 수 있었던 상황이었고, 지훈씨 같은 경우에도 건축 현장에서 일용직 일을 하거나 공장을 다니면서 생활비를 모아두었고, 빵 일도 했어요.

그런데 생계가 지속 가능한 상태는 아니었죠. 언젠가는 빵집을 차리고 싶다는 생각은 해왔기 때문에 지금 이렇게 시작하게 되었어요. "요즘 시국에 누가 가게를 시작하냐?"라는 말도 들었지만, 저희 삶에서는 지금이 한 발짝 나갈 수밖에 없는 상황이었어요. 그래서 이걸 잘 꾸려 가보고 싶고, 진심을 담아 빵을 만들다 보면 이 일을 계속하면서 살아갈 수 있지 않을까 생각해요.

지훈: 저는 가족 구성원으로서 경제적인 부분은 0점인 것 같아요. 성실하지 않거나 일하기 싫어하는 건 아니지만 돈 버는 능력은 부족했던 것 같아요. 돈을 벌기보다는 농사일을 더 열심히 하거나 하는 식이었어요. 그러다 경제적인 게 잘 해결이 안 되니 스스로 떳떳하지 못했던 것 같아요.

주희: 그래도 남편은 2년 가까이 농사를 지으면서 점심시간을 이용해서 식당에서 배달 일까지 겸했던 성실함이 있어요. 결혼하고 아이가 생기면서 빵 일을 본격적으로 하고 싶었지만, 고민이 많은 시간이었네요. 여기까지 오는 데 너무 돌아온 것 같지만 길게 보면 지금이라도 가게를 시작할 수 있어서 늦은 건 아니라고 생각해요.

경제적 능력이 반드시 그 사람의 능력은 아닌 것 같아요. 제 경우엔 살아가면서 돈은 없으면 안 되지만 그렇다고 돈을 벌기 위해서 매몰되고 싶진 않거든요.

지훈: 그런 성향이 잘 없었는데, 결혼하고 나서 생긴 것 같아요. 억척같이 힘든 걸 잘 이겨내지 못했던 것 같기도 하고… 농사일을 좋아하다 보니 경제적인 문제에 있어선 더 힘들잖아요. 돈 벌라는 이야기가 그땐 잘 안 들렸던 것 같아요.

그런데 지금은 한 사람으로서 손 벌리지 않고 살아가야 하니까 경제적인 부분을 중요하게 생각하게 됐어요. 이것도 빵집이 잘돼야 해결이 되는 거죠. (웃음) 시골에서 사는 것도 경제적인 부분에서 장점이 있고요. 지금은 어느 정도 꾸준한 수익, 탄탄함을 갖추는 게 목표에요.

시골은 고정지출이 적어서 이점이 분명 있는 것 같아요.

지훈: 그렇죠. 반드시 좋은 차를 끌고 다닐 필요 없고, 갖춰 입고 갈 자리가 적으니까 옷도 안 사게 되고 외식도 잘 안 하니까 생활비 지출이 도시보다 적죠.

주희님은 두 분의 역할이 생계 노동과 살림으로 나뉘는 것에 대해 아쉬움은 없으셨어요?

주희: 이건 주변을 봐도 많은 부부가 하는 고민인 것 같아요.

주 양육자가 엄마일 때가 많은데, 육아를 하게 되면 집에 머무는 시간이 많아지고 살림도 훨씬 많이 하게 돼요. 일상에선 내 욕구보다도 아이들 위주가 되고, 하던 일들에 제약도 많이 오고요. 저도 하고 싶은 일들이 많죠.

그래서 이런 상황을 지혜롭게 살피려고 해요. 마음도 몸도 소진되기 쉬운데 나를 불행이나 우울로 데려가지 못하게 노력하고 있고, 작은 것에서 행복을 찾으려고 해요. '소확행' 같은 거요. 예를 들면 글 쓰는 걸 좋아하니까 잠깐이라도 필사를 한다든가, 잠깐이라도 책을 읽으면서 내가 채워지는 시간을 보내려고 해요.

직업을 정체성으로 갖는 게 좋기도 하지만 저는 직업이 그 사람의 전부인 것처럼 여겨지는 분위기에 문제의식을 느껴요. 그래서 직업 활동을 개인 삶의 한 부분으로 생각하고 싶은데, 그런 면에서 두 분은 어떤 사람이 되고 싶으세요?

주희: 녹색대학을 통해서 여기로 오게 되면서 다양한 사람들을 알게 되어서 좋았어요. 하던 일도, 학벌도 다양한 사람들을 만나면서 그 사람의 배경으로 인한 편견이 많이 없어진 것 같아요. 예를 들면 학창 시절에는 그 사람의 이미지랑 성적이 많이 결부되는 것 같았는데, 살면서 그게 다가 아니란 걸 알게 된 거죠.

또 저는 '행복'이라는 단어가 진부하고 뻔한 단어 같았어요. 그런데 요즘은 행복이 중요하다는 생각이 들어요. '행복하세요',

'행복한 사람' 이런 말이 진부하거나 뻔하지 않게 느껴져요. 행복이라는 게 '자기 상황 안에서 마음의 거리낌 없이 자유롭고 편안한 상태'인 것 같은데 저도 우리 아이들도 그렇게 살았으면 하죠. 아이들이 공부 잘하고 좋은 직업 가지는 것도 좋지만 지금 상황에서의 만족, 그러니까 주어진 상황에서 행복을 찾을 수 있는 사람이면 좋겠어요. 그런 게 살아가는 힘인 것 같아요.

중요한 부분인 것 같아요. 조건은 어떻게든 항상 주어지잖아요. 그런데 거기서 괴로운 대로 받아들이는 것보다는 그 안에서 행복을 찾는 건 중요하죠. 지훈님은 어떻게 빛나고 싶으세요?

지훈: 저는 일상을 잘 살고 싶어요. 일상에 만족하고 하루하루를 잘 살아내는 것. 그거면 충분하지 않을까요? 승현 씨는 어떠세요?

음, 저는 다양함을 잘 받아들이는 사람이 되고 싶네요. 인간관계를 유연하게 맺는 게 제 과제라서요. (웃음)

동근, 상굴

당신을 끌어안는 너른 품으로

“

더 이상 지속 가능성이라는 말은
맥락이 맞지 않아요.
지금은 현 상태를 지속가능하게
유지하는 것뿐만 아니라
너무 많이 파괴되고 상처받은 것들을
다시 살려내고, 회복하고,
새롭게 창조해 나가야 하는 지경에
이르렀거든요.

”

당신을 끌어안는 너른 품으로

동근, 상글(구례)

승현

동근님의 이야기부터 들어볼게요. 자기소개를 해주실 수 있나요? 요즘엔 어떤 활동을 하면서 지내나요?

동근: 요즘은 활동은 순천에서, 생활은 구례에서 하고 있어요. 주로 '넥스트젠코리아Next GEN Korea (이하 넥스트젠)'이라는 청년 단체에서 사무국, 프로젝트 활동, 해외 네트워크 담당하고 있고요. 순천 지역에 내려와서는 생태를 주제로 한 교육 활동, 지역 학교나 유치원이나 초등학교에서 텃밭 수업이나 생태 놀이 교육을 하고 있어요. 이야기하다 보니 일 얘기 위주로 하게 됐네요. (웃음) 또 순천 지역 성인들을 대상으로 좀 더 지속 가능하고 생태적인 텃밭 교육 강사 양성 과정이 있는데, 그걸 기획하고 진행해요.

아무래도 넥스트젠은 생태 마을이나 공동체 주제의 활동이 하나의 중요한 축이라서 순천에서 커뮤니티 생활을 해보려고 내려왔어요. 그전에는 주로 서울이나 해외에서 활동했고요. 제가 지리산권을 보고 온 건 아니지만, 일반적인 한국 사회의 루트에서 벗어난 삶을 사는 것에는 최적화된 인간이기 때문에… (웃음) 인터뷰에 응하게 됐어요.

넥스트젠이라는 단체에 대해서 좀 더 설명해주실 수 있나요?

동근: 넥스트젠은 한국에서 시작된 건 아니에요. 유럽의 생태 마을 운동에 뿌리가 있고 한국에서는 청년들을 위한 움직임이 시작되면서 '넥스트젠코리아'라는 그룹이 생겼어요. 한국에서도 2011년쯤 '내 삶이 충분치 않다', '뭔가 문제 있다'라고 느꼈던 친구들을 중심으로 대안적인 삶, 생태적인 삶 혹은 공동체에 대한 끓어오르는 무언가를 느끼면서 시작했어요. 그런데 어디서 그걸 경험할 수 있을지 몰라서 해외로 여행을 떠난 거죠. 그렇게 해외의 생태적 공동체들을 경험하게 됐고, 한국에서도 이런 방식으로 만들어보자고 했던 거죠.

그래서 넥스트젠은 아무래도 '생태 마을'이라는 게 가장 큰 키워드고, 공동체, 생태적인 삶, 대안적인 삶을 주제로 하고 있어요. 그리고 그만큼이나 개인의 내적 성장, 깨어남, 전환을 주제로 한 활동도 많고요. 지금은 8~9년 됐는데 아까 말씀하셨던 '생태 마을 디자인 교육EDE, Ecovillage Design Education'이라고 해서 우리가 앞으로 살아가고자 하는 새로운 공동체 모델을 직접 디자인해보는 교육이에요. 코로나 이전에는 해외나 국내 공동체 여행도 많이 했고, 또 활동가 개인이 관심 있는 주제로 프로그램을 열기도 해요. 숲을 복원하는 '아날로그 포레스트리Analog Forestry' 프로그램을 진행하는 친구도 있었고, 공동체 춤을 중심으로 한 프로그램을 여는 친구도 있었어요. 그리고 '있ㅅ는잔치'라고 우리가 살고 싶은 공동체의 모습을 직접 만들어보자고 해서 깊은 산속에서 아무것도 없는 상태에서 시작한 프로그램도 있어요. 짧게는 1주, 길게는 3주까지 했었는데 단기적으로 축제처럼 같이 살아보는 공동체 실험이었어요.

설명이 술술 나오시네요. (웃음) 동근님은 어떻게 넥스트젠에 관심을 가지게 된 거예요?

동근: 넥스트젠이 추구하는 가치나 해왔던 활동에 꾸준히 관심이 있었어요. 고등학교 때부터 계속 관심이 있었는데, 사실 우연히 알게 됐어요. 이쪽 바닥이 좁잖아요. 용어가 있는데…

저는 녹색계라고 불러요. (웃음)

동근: 녹색계… (웃음) 다 비슷하네요. 아무튼, 한 다리 건너면 모두 아는 사이였어요. 당시에 친구들이 페이스북에 넥스트젠 관련된 소식을 꾸준히 올리면서 처음엔 '좋다'하고 넘어갔다가 계

속 보이니까 호기심이 더 생겼던 것 같아요. 그러다 교육 프로그램도 참가해보게 됐고요. 그전엔 세상에 문제가 있고, 그것에 대한 해결책까지만 배워서 내가 해볼 수 있다는 느낌이었거든요. 그런데 이 교육을 받으면서는 이것이 미래에 우리가 살아가야 할 새로운 삶의 모습까지도 직접 디자인해보고 제시할 수 있는 하나의 활동일 수 있겠다는 생각이 들었어요. 그런 부분에 매력을 느끼고 시작하게 된 것 같아요.

넥스트젠 안에서는 '생태', '마을', '청년' 이 세 가지 키워드를 중요하게 생각하는 것 같았어요. 이건 청년이 생태적 공동체를 만들고 사는 모델인가요? 동근님은 이 활동을 통해 어떤 모습을 상상하셨나요?

동근: 이건 지극히 제 개인적인 생각인데요. 활동해 오면서 많이 변화하긴 했지만, 사실 한국에는 우리가 본받고 싶거나 따라가고 싶은 모델이 거의 없다시피 하다고 느끼거든요. 이건 어느 정도 공감대가 있는 사실이기도 하고요. 해외에만 나가면 너무 좋아 보이고 이상적인 삶을 사는 거예요. 특히 유명한 유럽 공동체를 가보면 더더욱 그렇고요.

매해 다른 곳을 방문해보고 직접 지내보면서 많이 변화하긴 했는데, 저는 이런 생태적이거나 지속 가능한 혹은 그걸 넘어서 재생하고 회복하고 치유하는 작업이나 활동이 이뤄지고 그것이 교육되는 공동체였으면 좋겠다고 생각했어요. 또 그런 활동들이 경제적인 수단도 되어서 삶을 영위하는 데 보탬이 되는, 그러니까 한 단어로 말하면 교육 공동체랄까요. 그런 게 이루어지는 공동체에서 살고 싶다 혹은 만들어보고 싶다는 바람이 제 안에 있는 것 같아요.

회복이라면 어떤 의미인가요?

동근: 이건 넥스트젠 뿐만 아니라 '젠GEN' 안에서도 자주 거론되는 주제인데요. 우주의 모든 존재들 중에서도 특히 인간의 행위로 인해 회복과 치유가 필요한 다양한 존재들, 인간 스스로를 포함한 그 모든 존재의 회복을 말하는 것 같아요. 1차원적으로 자연의 회복, 또 우리가 가진 개인적 차원의 상처나 트라우마에 대한 회복도 있지만, 생태 마을 운동에서 이야기하는 건 집단적 차원의 치유와 회복도 있거든요. 물론 이건 지역마다 맥락이나 접근법이 달라서 고민이 필요하긴 하지만요.

우리나라에 맞는 새로운 모델을 만드는 작업 같아 보이네요.

동근: 그러니까 더 이상 지속 가능성이라는 말은 맥락이 안 맞는 거예요. 왜냐하면 지금 필요한 건 현 상태를 지속 가능하게 유지하는 것뿐만 아니라 너무 많이 파괴되고 상처받은 것들을 다시 살려내고 회복하고 새롭게 또 창조해 나가야 하는 지경까지 이르렀거든요. 이제 지속 가능한 것은 기본 세팅이고, 회복하고 재생

하는 작업까지 해야 한다는 이야기를 넥스트젠에서 하고 있어요. 그게 많이 공감되더라고요.

충분히 이해가 되네요. 동근님은 제천 간디학교를 졸업했죠? 10대의 동근은 어떤 사람이었나요?

동근: 음… 저희 부모님이 초등학교 6학년 졸업할 때쯤 이혼하셨거든요. 그땐 몰랐지만 그게 저한테 큰 영향이었어요. 제도권 내의 중학교를 다니면서 소위 '비행'이라 불리는 행동을 많이 했는데, 또 사춘기랑 겹치면서 힘들게 보냈거든요. 부모님이랑 관계도 악화됐고요. 그러다 보니 어머니가 이거 도저히 안 되겠다 이 상태로 고등학교 가면 중학교랑 똑같은 모습으로 고등학교 시절을 보내고 그저 그런 인간이 되겠구나 싶으셨던 거예요. (웃음) 그래서 한겨레에서 하는 미국 교환 학생 프로그램을 보냈어요. 그때 미국에서 만난 분은 이혼도 많이, 결혼도 많이 해서 아이들도 많은 분이었는데 밤마다 그분과 얘기했어요. 그러면서 엄마의 마음이나 어른들의 관계에 대해 이해하게 된 것 같아요. 그때부터 엄마가 '나의 엄마'가 아니라 '한 여성'으로 이해되기 시작하더라고요. 객관화가 이뤄진 것 같아요. 거리가 생기니까 더 보고 싶기도 하고. 그렇게 1년을 보내고 나니까 엄마랑 관계가 좋아졌는데, 아마 떨어져 있어서 그랬던 것 같아요. (웃음)

미국을 다녀오고 나서는 어땠나요?

동근: 돌아올 시기가 되니까 어머니는 다시 고민이 시작된 거죠. 나중에 물어보니 저한테 더 이상 이런 식의 삶을 주고 싶지 않았다 하시더라고요. 아니, 이런 삶을 준다기보다 다른 방향을 제시해 주고 싶다고. 그래서 다양한 형태의 학교를 찾아보다가 '제천 간디학교'의 졸업식에 가게 됐는데, 그때 아이들의 표정을 보고 바로 여기로 보내야겠다고 생각하셨대요. 고등학생인데 그렇게 행복해 보이는 친구들은 처음 봤다고. 그래서 저에게 제안했는데 저는 별생각 없었죠. (웃음) 간디학교 첫 이미지는 깡시골에 아무것도 없고 추레해 보였는데, 느낌은 좋았어요.

어머님이 동근님을 위해서 애쓰셨네요. 일반 학교는 안 되겠다고 판단하신 거고요. (웃음) 제천 간디학교 생활은 어땠어요?

동근: 선생님들하고 친하게 지냈어요. 수업 안 들어가고 항상 교무실 가서 선생님들이랑 얘기하고… 그 외의 시간에는 혼자 천변 산책하거나 아무도 없는 기숙사 올라가서 혼자 담배 피우면서 하늘 보고 그랬죠. 밤에 애들 돌아오면 술 사 와서 같이 술 마시고… (웃음) 주말에도 원래 외출이 안 되거든요. 미리 신청해야 하는데 저는 아무 얘기 안 하고 읍내 나가서 놀았죠. 왜 그랬는지 모르겠는데 아무도 저를 제재하지 않았어요.

상글: 범접하기 어려운 학생이었던 거 아니야? (웃음)

동근: 그렇게 혼자 심오했던 고등학생이었던 것 같아요. 그 당시에는 잘 몰랐는데, 또래의 남성 친구들하고 어울리려고 많이 애썼던 것 같아요. 그래서 별로 안 좋아하는 축구, 농구도 하고 읍내 나가서 피시방도 같이 가고요. 물론 재밌고 할 만하니까 갔겠지만, 지나고 보니 제가 많이 노력했던 것 같아요. 저는 주로 선생님들이나 여성 친구들하고 잘 어울려서 그것 때문에 시기 질투받거나 거기에 대해서 잘 이해하지 못하는 친구들이 생기기도 했거든요. 하여튼 따로 놀았어요. 아웃사이더처럼. 외톨이는 아닌데 혼자 알아서 하는 스타일? 딱히 뭘 하고 싶어 하지도 않았고, 수업도 잘 안 들어갔고요. 항상 농사 선생님 일하시는 데 가서 일 도와드리고 밤에 따라가서 막걸리 한 잔 마시고… (웃음) 선생님들 집 찾아가서 밥 달라 그러고. 나름대로 마을 살이를 했던 것 같아요.

그때가 좋은 기억으로 남아있는 이유 중 하나가 어른들과 직접적인 관계를 통해서 나를 표현하고 또 응답받는 게 가능한 환경이어서 그랬던 것 같아요. 관계 중심적인 삶을 살면서 많이 회복되고 치유됐던 것 같아요. 대안적인 삶의 사례나 경험도 구체적으로 할 수 있었고요.

붙임성이 좋은 사람이었네요.

동근: 그때는 완전 최적화된 ESFPMBTI '연예인형'.

지금은요?

동근: 지금은 완전히 내향형. (웃음) 원래 타고난 건 내향인 것 같은데 그땐 사회화된 외향형이었던 것 같아요.

상글: 생존본능이었나보다. 살아남으려고.

동근: 그런 것도 있었던 것 같아요. 제가 입학할 때 제천 간디학교에서 처음 고등과정이 생겼거든요. 편입으로 가서 제가 한 살 더 많기도 했고요. 그러니까 더 생존해 보려 했던 것 같아요. 그 때 그 매개체를 술로 썼어요. 아무것도 모르는 친구들 데려다가 술 먹이고… (웃음) 그러다 걸려서 전교생 앞에서 사과하고 108배도 하고요.

생태 쪽에 관심이 생긴 건 제천 간디학교 시절부터였나요?

동근: 아무래도 그랬던 것 같아요. 삶의 방식에 대해선 고등학교 때 자연스럽게 스며들었던 것 같은데, 그때도 의식적으로 받아들이진 않았어요. 돌이켜 생각해 보면 학교에 생태 화장실이 있었고, 플라스틱 사용에 대한 부분도 그렇고, 먹거리도 농사지어 먹는 것들이 많았거든요. 여러 가지 좋은 환경이었는데 그때는 몰랐죠. 사회에 나가서 인턴 생활하면서 좀 더 현실적으로 다가왔던 것 같아요.

그 이후에 영국에서 심리학을 전공하셨다면서요?

동근: 고등학교 졸업하고 1년 반 정도 지났는데 내가 뭘 하고 싶은지 잘 모르겠는 거예요. 저희 엄마가 대단하다고 생각하는 게, 그때 갭이어를 다녀오라고 마음을 내주셨어요. 나중에 들어보니까 속 터지고 열 받았다고 하긴 했지만. (웃음) 그래도 덕분에 여행도 다니고 탈학교 친구들과 캠프 인솔 교사도 해보고 해외로 봉사 활동도 다녔었어요.

심리학을 전공했던 건, 평소에도 사람에 대한 호기심이 많았던 것 같아요. '나는 왜 이렇고 쟤는 왜 저럴까?' 이런 질문들은 항상 갖고 있었어요. 또 그 시기는 제 안에서 문제의식이 엄청나게 팽배할 때였는데, 그에 대한 해답이 사회 구조나 시스템 같은 집단이 아니라 인간 개인의 본질에 있다고 생각하던 시기여서 그런 부분을 공부하고 싶었어요. 그런데 한국 입시는 저한테 답이 아닌 것 같고… 그렇다고 새로운 언어권으로 가기엔 시간이 너무 오래 걸리잖아요. 원래는 프랑스로 가고 싶었거든요. 그래서 심적 거리가 멀지 않고 교육의 결이 맞는 곳이 어딜까, 찾아보다가 영국에서 심리학을 중심으로 국제 외교, 국제 정치를 복수 전공할 수 있는 가장 좋은 학교를 찾아가게 됐어요. 그땐 영어가 자연스러운 상태여서 따로 공부가 필요하진 않았거든요. 처음엔 국제 외교나 정치를 부전공하고 싶었는데 심리학을 배워보니 이것 하나도 어렵더라고요. (웃음) 그래서 심리학에 올인하게 됐어요.

그런데 지금 생각해 보면 리서치가 좀 부족하기도 했고, 심리학의 트렌드를 잘 읽지 못했던 것 같아요. 왜냐하면 영국이나 미국에선 심리학이 실용주의 학문이고, 사회과학이 아니라 과학으로 분류되거든요. 그래서 배움의 체계가 완전히 다른 거예요. 그때 과학적 사고방식 체계를 배웠던 게 저에게는 하나의 혁명이었어요. 사고방식 체계가 너무 잘 정립돼 있어서 이런 식으로도 세상을 바라보고 해석해서 변화를 만들 수 있다는 게 한눈에 딱 들어오는 거예요. 그걸 이해하는 그 순간이 저한테는 영국 대학에서 얻은 가장 큰 수확이었어요. 심리학 자체는 다 배우고 나서는 오히려 거부감이 더 커졌고요.

심리학에 왜 거부감이 커졌어요?

동근: 너무 과학적인 접근이기도 했고요. 인간 심리를 기계론적 관점으로 하나하나 뜯어보려고 하거든요. 가장 충격적인 사건은 사회 심리학 개론서 중에 심리학의 목적에 관해 서술한 게 있었는데, 거기에 '심리학은 궁극적으로 인간의 행동을 컨트롤하는 데 목적이 있다'라고 책에 떡하니 박혀 있는 거예요. 그걸 보고 이건 안 되겠다 생각했어요. 그건 제가 배우고 싶은 공부는 아니었으니까요. 영국 시절은 충분히 좋은 시간이었고, 큰 배움도 있었지만 조금 아쉬움이 남는 시간이었던 것 같아요.

심리학을 과학적으로 본다는 건 어떤 의미인가요?

동근: 어떤 가설을 세워서 실험하고, 그 결과를 이론으로 다듬어 나가는 방식이에요. 그 사고방식 자체가 과학적인 접근이더라고요. 영국 대학에서 심리학은 학부도 아예 과학으로 분류돼 있고 사회과학으로 되어있지 않았어요. 첫해에 통계 배우다가 '이런 거 하려고 온 건 아니었는데…' 싶었죠. 그래도 막상 하면 재밌는 것도 있어서 열심히 하긴 했어요.

제가 모르는 세상의 이야기를 들으니 재밌네요. 졸업하면서 느꼈던 심리학에 대한 결핍도 이후에 메워졌나요?

동근: 이것도 운이 좋았다는 생각도 드는데, 넥스트젠에서 받았던 생태 마을 디자인 교육에서는 '지금 우리가 마주하고 있는 많은 문제가 근현대 과학이라고 부르는 사고방식 때문에 일어난 일'이라고 이야기하는 게 하나의 큰 맥락이거든요. 이 말이 과학적 사고를 대체할 수 있는, 혹은 그것에 대안을 제시하는 교육인 거예요. 그런 것들을 배워가면서 상호 보완이 된 것 같아요.

그래서 돌아봤을 때, 제 삶에선 첫 번째로 과학적 사고방식에 대한 하나의 혁명이 일어났고, 그다음에 생태 마을 디자인 교육을 들었을 때 그걸 완전히 뒤집는 2차 혁명 같은 게 일어난 거죠. 그런 계기를 통해서 세상을 바라보고 이해하는 방식이 슉슉 바뀌었던 것 같아요. 이젠 저한테 더 잘 맞는 옷을 찾게 된 느낌.

또 서구권에서의 경험이 저한테 좋은 작용으로 남았다고 생각 드는데, 우리의 과제가 동서양의 이론이나 철학 사이의 균형을 찾는 것이라고 생각하거든요. 이걸 옳고 그름으로 구분하는 게 아니라 그 중간 지점 어딘가를 찾아야 하는 거죠. 다 공부하거나 이해하는 건 아니지만 제 안에 좌뇌와 우뇌를 살짝이라도 경험해본 느낌이에요.

이야기를 들으니 개인적으로 궁금함이 생겼어요. 우리는 태생도, 생김새도, 언어나 문화도 모두 다른데 사회에서는 다양성에 대한 합의가 어려운 것 같아요. 이걸 어떻게 해석하면 좋을까요?

동근: 음… 제가 3년 심리학 공부한 것으로 (웃음) 도출할 수 있는 뾰족한 해결책이나 정답은 없지만, 그 지점은 제가 예전부터도 계속 가지고 있었던 고민이에요. 심리학 공부하면서 가장 관심 있게 봤던 주제가 '내집단 편향In-group bias'이라고, '내가 속한 집단에 대해서는 우호적으로 보고 그 경계 너머에 있는 집단에 대해서는 선입견을 갖고 바라보는 본능이 우리 안에 있다'라는 이론이 있거든요. 어쨌든 내가 존재하려면 네가 있어야 하고, 그 사이의 경계가 필요하잖아요. 그 경계가 우리가 살아남기 위한 본능적인 욕구라고 느껴졌고, 다양성이라는 것도 비슷하지 않을까 생각해봤어요. 이 이론이 다양성에 대한 혐오나 억압의 모든 원인이라 볼 수는 없겠지만 어느 정도 이런 본능이 작용한다고 봐요. 그리고

이게 인간이 가진 가장 강력한 본능 중 하나인 것 같아요. 안정감에 대한 추구… 그러니까 계속 안정적이려면 자신의 통제 안에 있어야 하고 비슷해야 하고 튀는 게 없어야 하잖아요. 다양성에 대한 억압도 그런 데서 기인하는 것이 있지 않을까요? 다만 그걸 자각하고 있느냐 아니냐에서 엄청나게 큰 차이가 오는 것 같아요.

© 이원걸

상글님은 요즘 어떻게 지내나요? 자기소개를 해줄 수 있나요?

상글: 지금은 남원에서 텃밭 학교 선생님을 하고 있고요. 동근처럼 소속되어 있는 단체가 있는 건 아니지만… 아닌가? 산내 청년들? (웃음) 2020년 3월에 농촌살이를 한번 해보고 싶어서 남원 산내면으로 이주했어요. 그곳에서 우리가 재미있고 관심 있고 하고 싶은 이야기를 하는 활동을 중간중간 해왔던 것 같아요.

산내면으로 갈 때는 어떤 걸 기대했었나요?

상글: 도시에서 살 때 내 삶을 조금씩 생태적으로 전환하고 싶다는 생각은 하고 있었어요. 그런데 내가 어떤 걸 할 수 있는지에 대한 정보도 적고 이런 방식을 공감하는 사람도 적어서 나한테 필요한 건 지금 같이할 수 있는 커뮤니티 혹은 공동체겠다라는 생각에 대안적인 방식이나 가치를 공유하는 사람들을 찾아서 내려왔던 것 같아요. 그걸 산내에서 찾았고요.

상글님은 해외에서 오랜 기간 여행했었죠? 생태적으로 전환하고 싶은 마음은 그 과정에서 생겼나요?

상글: 맞아요. 쓰레기 문제나 환경 문제도 우리나라에서 조그맣게 보다가 인도에서 엄청난 스케일로 봤거든요. 지구 다른 한편에서 이런 식으로 너무 거대한 문제들이 일어나고 있는데, 그에 비해 내가 너무 작게 느껴졌어요. 그러면서 이 문제에 대한 이야기

를 시작해야겠다는 마음이 간절하게 느껴졌던 것 같아요.

한국 와서는 환경단체에서 활동했는데 거기에서도 한계들이 있었어요. 밖에서 운동이라는 형태로 활동하는데 내 삶에선 많은 변화가 일어나지 못하고 여전히 그대로인 것 같고. 그래서 어디서부터 뜯어 고쳐볼 수 있을까를 고민하다가 생태 공동체를 찾아봤던 것 같아요. 거기서 찾은 게 산내면에 '실상사 생명평화대학'이었어요.

인도에서 봤던 그 모습들이 어땠기에 충격을 받았나요?

상글: 인도에선 주로 클라이밍 다니는 여행을 많이 했는데, 보통 산속으로 들어가거든요. 너무나도 아름다운 이 자연 안에서 클라이밍 하는데, 인도 사람들이 떼거리로 와서 습관적으로 쓰레기를 버리고, 그 주변 인가에다 쓰레기를 더미로 버리는 모습을 자주 봤어요. 플라스틱도 정말 많았고요. 이게 물론 우리나라에서도 많이 봐왔던 현상이지만 규모가 훨씬 크다고 생각하니까 우리나라와 인도, 더 나아가서 지구라는 거시적인 것이 물질적으로 확 다가왔었던 느낌이었어요.

인구수에 비례하면 엄청났겠어요. 상글님의 삶을 과거부터 짚어보고 싶어요. 상글님은 10대는 어땠나요?

상글: 10대 때 저한테 가장 큰 영향이 있었던 건… 어머니가 중학교 2학년 때 돌아가셨어요. 사고로 돌아가셨는데 그때 돌아가시고 나서 음…… 세상이 비관적으로 보이기 시작했던 것 같아요. '왜 나한테 이런 일이 일어났을까?', '나처럼 불행한 사람이 있을까?', '주변에 다른 친구들은 온전한 가족으로 행복한 삶을 다 누리고 사는 것 같은데 나는 왜 불행한 아이일까?' 이런 생각에 많이 빠져서 지냈던 때였던 것 같아요.

그러다 우연한 기회에 아버지가 필리핀에서 하는 영어학교를 가보지 않겠냐고 제안하셨어요. 제가 어렸을 때부터 언어를 좋아했었거든요. 그때 만났던 필리핀 사람들이나 선생님과 교감이 컸죠. 제가 생활했던 집의 부부도 제 상황을 이해하시고 자기 아이처럼 예뻐해 주셨고요.

그런데 중간에서 연결했던 한국 분은 "저 사람들은 가난한 사람들이어서 너한테 또 뭘 요구할지 모른다"하면서 그 사람들을 무시하고 돈의 힘에 대해서 과시하는 말을 많이 했었어요. 실제로 길을 돌아다니기만 해도 너무나도 어린아이들이 길거리에서 구걸하거나 위험한 환경에서 일하고 있었거든요. 어느 관광지에서는 관광객을 태운 작은 카누를 끌고서 맨발로 폭포를 올라가는 청소년들도 있었고요. 골프장에서는 골프공이 자동으로 나오는 게 아니라 열 살쯤 된 여자아이가 골프공을 계속 놓아주고 있었어요. '저러다가 맞기라도 하면 어떡하지?' 생각 들면서 세상에 나보다 어려운 환경에 있는 아이들이 많구나, 내가 너무 많은 걸 누리고 있는데 내가 몰랐구나 하고 그때 생각했어요.

그 이후로 세상을 바라보는 시각이 많이 달라졌죠. 중학교 2학년 땐 암흑 속에 있는 것 같은 느낌이었는데, 필리핀을 다녀온 뒤로 내 세상이 더 훨씬 밝아졌다는 걸 느꼈어요. 그리고 그전까지 꿈이 애매모호했거나 없었는데, 필리핀에 다녀오고 나서는 내가 할 수 있다면 나처럼 그런 암흑 속에 있는 내 또래 아이들, 청소년 친구들, 혹은 더 어린아이들에게 손을 내밀어줄 수 있는 사람이 됐으면 좋겠다 생각했던 것 같아요.

그리고 그때 한비야님 책을 엄청 열심히 읽었거든요. 자습 시간에 그걸 읽으면서 '나는 한비야처럼 될 테야' 해서 국제 구호단체 같은 곳에 들어가는 게 내 꿈이었어요. 실제로 20대 초반엔 어떤 국제구호단체에 들어가서 일하기도 했어요.

마침 필리핀에 간 것이 좋은 전환이 됐네요. 나보다 더 힘든 사람들을 보면서 세상을 제대로 알고 나면 그것이 주는 어떤 힘이 있잖아요.

상글: 네. 저도 동근과 비슷한 게, 내 안에 있던 가족으로부터 받았던 상처를 치유하는 연결고리를 해외에서 찾아냈던 거예요. 그 방향으로 조금 해소할 수 있었어요.

그런 부분을 통해서 두 사람을 보면 공통점이 많더라고요. 외국을 오래 여행했거나 생활해 본 경험도 있고요.

동근: 처음에 그런 얘기하면서 친해졌어요.

상글: 둘 다 해외에서 생활을 오래 했었고, 코로나 터지고 나서 점점 해외에 대한 갈망도 많아졌고, 국내로 시선을 돌려서 괜찮은 곳을 찾아보려고 하는 욕구들도 있었어요. 그런 것들이 비슷했던 것 같아요.

상글님은 그 이후에 많은 해외여행을 했었죠?

상글: 언어에 관심이 있어서 대학생 때도 교환 학생으로 일본에서 2년 정도 살았고, 캐나다로 어학연수도 다녀왔어요. 취업하면서는 캄보디아에 가서 2년 동안 살았고요. 일을 관두고는 1년 동안 남미 여행을 갔었어요.

여행 후에 한국에서도 살아보고 싶은 마음에 어떻게 살아야 할까, 고민했었죠. 그때 한국에 들어와서 살았던 6개월이 성인이 되고 나서 한국에서 최장기간 살았던 거예요. 정을 붙일 수 있었던 게 매주 일요일마다 가는 강아지 산책 봉사였어요. 내가 드디어 한국에서 쓰임이 있는 존재처럼 느껴지는 거예요. 그전엔 항상 사회가 만들어 놓은 틀 안에 나를 짜 맞춰야 한다는 게 어렵게 느껴졌거든요. 나는 이상향만 쫓으며 살고 싶지 않은데도요. 그러다 보니 나는 문화적으로나 정서적으로 외계인, 외부인처럼 느껴졌던 것 같아요. 채식, 환경, 인권같이 제가 관심 있는 주제를 이야기해도 통하는 사람들이 별로 없었던 게 답답했어요. 그나마 동물보호소에서 했던 봉사는 한국인들이 아니라 광주에 사는 외국인들과 함께했거든요. 그런 경험이 좋았어요. 산책 봉사를 하다 누군가 인도 여행을 제안했고 그렇게 인도 여행을 1년 정도 갔었죠.

삶의 궤적이 정말 광범위해요. 해외로 계속 나갔던 건 국내에서 자기 정체성을 찾을 수 없었던 게 큰 이유였겠네요.

상글: 도피하는 마음도 있었던 것 같아요. 가족과의 관계에서 분리되어 있을 때 편안함을 느낀다는 것도 있었고, 해외에서의 소통이 편안했어요. 내가 관심 두거나 재밌어하는 거리를 항상 해외에서 찾았던 것 같아요. 다양성이 많으니까. 그런데 광주에 있으면 다양성이 부족한 느낌을 항상 받았어요. 다양한 젠더, 다양한 존재들이 있는 주변 환경에서 살고 싶었고, 그런 다양성을 만들어내는 일을 하고 싶었기 때문에 국내로는 크게 관심을 안 뒀던 것 같아요.

생태나 인권에 대해 문제의식을 느낀 건 어느 시점부터였나요?

상글: 생태적인 것에 대해서 관심을 가진 건 채식이었던 것 같아요. 2011년에 이산화탄소 배출을 감축하기 위해서 채식한다는 사람도 있다는 다큐멘터리를 밤새도록 보고 너무 충격을 받았

어요. 고기 다 끊어야겠다고 생각했죠. 채식이 환경까지 연결되다 보니까 '이게 내 삶으로 어떻게든 들어와야 하는 문제구나', '참 어렵구나' 생각했던 것 같아요.

그리고 인권 관련된 문제는 아마 중학교 때 필리핀에서 만났던 아이들에 대한 관심으로 시작해서, 성인이 되고 캄보디아에서 일하면서 여성이나 다양한 성 정체성을 가진 사람들의 존재, 사회적 약자, 소수자에 대한 관심으로 넓어졌던 것 같아요.

타 인터뷰에서 상글님은 '여성의 존재 자체가 자연스러운 것으로 받아들여지면 좋겠다'라고 했어요. 저도 최근 들어 사회적 불평등을 강하게 체감하게 되는데 상글님에게는 어떤 지점이었고, 어떻게 풀어내고 있나요?

상글: 제가 성에 대해서 다양성을 인지하지 못하고 선입견을 느꼈던 건 초등학교 5학년 때였어요. 외국인 남성 선생님과 공부하는 기회가 있었는데, 주말에 그 선생님과 몇몇 반 친구들이 같이 놀러 가기로 했거든요. 그때 선생님이 자기 친구라며 데리고 온 상대가 남성이었어요. 둘이 연인 관계였던 거예요. 처음으로 동성애자를 만났고, 그 둘의 모습이 되게 예뻐 보였어요. 초등학생의 시선으로 봤을 때 서로 잘 챙겨주고 아끼고 배려하는 모습이 사랑스럽다고 자연스럽게 받아들였던 경험이 있었어요.

그리고 또 한 번은 싱글맘인 다른 여성 선생님을 만난 적이 있는데, 그분은 혼자 아이를 키워내는 것에 대해서 엄청 당당한 태도로 자랑스러워하셨고, 그런 이야기도 편하게 하셨어요. 처음에는 내가 생각하는 정상적인 가족이 아니니까 '엄마 혼자서 애 키운다고? 그러면 남편도 없는데 애를 키우는 건가?'라는 생각도 있었는데, 그 선생님을 통해서 '싱글맘'이라는 가족 형태도 있다는 걸 알게 되면서 세상에는 다양한 관계와 형태가 있다는 걸 인지했던 것 같아요.

그리고 성인이 되고 해외에서 살다 보니까 사람과 사람이 만나서 사랑하는데 성별이 꼭 그렇게 중요한 게 아니라는 것, 그리고 내 안에 이성애자의 사랑이 깊숙이 학습되어 있단 걸 알게 되었던 것 같아요. 그런 것들로부터 나 스스로도 벗어나고 싶었고 자유로워지고 싶었어요. 그들이 내는 목소리에 나도 같이 목소리를 내고 싶어서 이후에 성 소수자 관련 활동을 많이 해왔던 것 같아요.

또 운동을 시작하면서는 여성으로서 스포츠를 하는 인간일 뿐인데 여성에게만 주어지는 편견이라든지, 여성이기 때문에 사람들이 주는 한계를 알아차릴 때 그게 부당하다는 걸 스스로 인지할 수 있었던 것 같아요. 타인을 통해 주어지는 한계, 타인의 시선이나 생각에 마주치게 될 때 '그건 아니야!'라고 깨뜨리고 싶은 욕구가 자연스럽게 형성됐고요.

그래서 제 삶에서 다양성을 주제로 목소리 내는 것부터 관련된 활동을 계속 추구해나가려고 노력하고 있어요. 남원 산내면에선 그 가치관이 '찌찌순례[4]'나 '성다양성 축제'로 이어지면서, 우리가 이러한 노력을 하고 있고, 우리가 여기에 있다는 것을 자꾸 말하려고 했어요. 물론 도시에 살 때나 여행하면서도 이런 활동을 계속해왔지만 그건 산내에 왔을 때도 계속 멈추지 않고 진행해야 하는 일이었던 것 같아요. 또 그 이야기를 같이할 수 있는 친구들을 만나고 시너지를 더 얻어서 잘 발현됐고요.

상글님의 기획력과 추진력은 정평이 나 있죠. (웃음) 상글님은 오래전부터 비거니즘을 실천했는데, 특히 이런 부분에선 완벽성이 요구되는 경우가 많아요. 어떻게 하면 더 많은 사람과 비거니즘을 나눌 수 있을까요?

상글: 채식은 2011년에 페스코로 시작했고, 산내 오기 전엔 비건을 생각하진 않았어요. 환경 문제 때문에 시작했는데 그 뒤로는 사회생활하면서 지속하지 못하고 왔다 갔다 했죠. 그러다 동물보호센터에서 일하기 시작하면서 다시 채식을 시작했는데, 그땐 반려동물과 동등한 또 다른 존재가 내 식탁에 올라와 있는 게 거북하다고 느껴졌던 것 같아요. 그런 경험들이 쌓이면서 생명 간의 연결이나 유대가 생겼고 다시 삶의 방향을 채식으로 가지고 가려고 노력한 것 같아요.

---

4 2020년 지리산 산내면 실상사 생명평화대학에 다니고 있던 일부 청년들과 마을 사람들이 모여 시작한 가슴해방운동이다. 여성의 몸은 어떠한 이유에서도 성적 대상화할 수 없음을 이야기하기 위해 상의를 입고 혹은 입지 않고 노래를 부르며 마을 한 바퀴를 행진했다. "찌찌는 지지가 아니야. 찌찌는 우리의 일부야"

그런데 너무나도 운이 좋게 산내에서 비건을 지향하는 친구를 많이 만나서 안전한 환경을 만들어 갈 수 있었어요. 비거니즘이라는 것은 어떻게 보면 운동인데, 그들 덕분에 이게 너무 즐겁고 재밌는 것으로 찾아왔었던 것 같아요. 여전히 제가 완벽하게 비건을 실천하고 있진 않지만, 이 안에서도 모두 다른 방식으로 비건을 지향해 가는 사람들이 있잖아요?

그렇지만 완벽성에 대해선 저도 어려웠어요. '내가 완벽한 상태나 그 경지에 도달해야 하는 거 아닐까?', '그래야 내가 이걸 실천하고 있다고 말할 수 있는 거 아닐까?' 생각했으니까요. 음… 저도 계속해서 배워가는 과정인 것 같은데, 내가 왜 비건을 실천하고 싶은지에 대한 생각이나 가치관을 계속 유지해 가는 게 더 중요하다고 생각해요. 제 경우엔 제가 추구하는 비거니즘 가치관을 잃지 않고 내 삶 안에서 오래도록 가져가고 싶다고 생각했는데, 그때 비건을 왜 시작했는지 다시 생각해 보고 같이 공부할 수 있는 커뮤니티를 만나는 게 저에게는 좋은 방법이었던 것 같아요.

지금부터는 두 분에게 공통질문이에요. 도시와 지역살이, 해외 살이도 모두 경험해보셨잖아요. 살아보니 사는 장소마다 다른 점이 있던가요? 어떤 부분이 좋았고, 어떤 부분이 어려웠나요?

동근: 저는 살면서 지금까지 3할은 해외에 있었고, 3할은 도시에서 살았고, 나머지는 어디 살았다고 하기 애매해요. 충청도에서 나고 자라긴 했는데 계속 도시 기반 생활을 해왔거든요. 순천살이는 제가 선택해서 내려온 첫 지역살이였는데, 여기선 확실히 저희가 원하는 대로 해볼 수 있는 여지가 있었던 것 같아요. 하다못해 볼일 보는 것도 수세식 변기에 물 내리는 방식이 아니라 생태뒷간이나 마당에서 해결할 수 있었고요. 도시에서는 이런 기본적인 것들마저도 실천하기가 쉽지 않잖아요. 더 많은 노력과 더 안전한 커뮤니티가 필요한데 그런 면에서 시골 살이는 좀 더 장점이 있어요.

그럼에도 제가 도시에 대한 생각을 놓지 못하는 건, 어쨌든 전 세계 어디를 봐도 도시에 가장 많은 사람이 몰려 있잖아요. 그 사람들을 다 끌고 지역으로 내려올 수도 없고요. 그랬을 때 근본적으로 도시에서 문제가 해결되지 않으면 결국엔 지금과 똑같이 갈 것 같다는 생각이 드는 거예요. 도시가 변해야 한다는 생각을 내려놓기가 어렵더라고요. 순천에서 다양한 프로젝트를 시도했던 것도 중소 도시에서의 삶이 좋은 사례가 되면 이런 방식의 삶이 더 확장될 가능성이 보여서였거든요.

그런데 시골로 들어가게 되면 외부를 대상으로 활동하는 것보다 내 삶에 더 집중하게 되는 것 같아서 조금 아쉬운 점도 있어요. 시골도 분명 바쁘게 살긴 하지만, 도시와는 삶의 속도가 달라서 변화를 현장감 있게 체감하기는 어렵더라고요.

도시 분들에게 지역의 삶을 소개했을 때 어떤 반응이 있었나요?

동근: 도시의 삶에 익숙하고 또 그걸 선호하는 사람들은 삶의 방식을 변화하는 것 자체를 원하지 않는, 어떤 확고한 게 있었던 것 같고요. 여기 오면 이렇게 살 수 있다고 보여주는 것으로는 설득이 안 되는 느낌이었어요. 차라리 '네가 사는 곳에서도 너와 다른 존재들이 함께 건강하게 살아갈 수 있는 방식이 가능해'라는 걸 보여주는 게 더 효과적이지 않을까 고민하고 있어요. 잘 모르겠어요. (웃음)

상글님은 어땠어요? 도시, 해외, 시골의 차이가 있었나요?

상글: 도시에서 살면서 힘들었던 점이 몇 가지 있었는데, 첫 번째는 단절감. 주변하고는 단절된 채로 가는 곳만 가고 만나는 사람만 만나잖아요. 사람들을 온라인에서만 만나니까 내가 살아있다는 느낌이 아니었던 것 같고, 두 번째는 꾸준하게 개발을 외치는 환경에 둘러싸여 있는 사실이 그 자체로 너무 스트레스였던 것 같아요.

반면에 지역으로 내려오면서 가장 큰 즐거움은 내가 자연 안에 둘러싸여 있을 수 있다는 거예요. 어딜 가나 가까운 자연으로 통할 수 있다는 게 좋았고, 내 삶에서 자연스럽게 사람들과 연결되는 게 좋았어요. 특히 산내는 환경이 잘 조성되어 있어서 마을의 커뮤니티들을 찾아갈 수도 있고요. 시골의 장점을 잘 보여준 너무 좋은 환경이었던 것 같아요. 구례에 와서도 마을 안에서 소통하면서 관계를 쌓아가고 있는데, 도시보다 좀 더 정겹게 느껴지는 것 같아요.

또 지역에서 살 때 제일 좋은 점은 계절별, 절기별로 변해가는 자연의 모습을 가깝게 관찰할 수 있다는 거예요. 그걸 먹거리로 사용하거나 샴푸, 비누처럼 나에게 필요한 것으로 만들 수도 있고요. 자연의 쓰임을 알고 나서 그 순환이 제 삶으로 조금씩 들어온다는 게 좋았어요. 이렇게 곶감을 말려두거나 (웃음) 김치를 담그는 것처럼 절기에 맞게끔 내가 해야 할 일들이 있고 그렇게 변해가는 게 자연스러운 것 같아요. 물론 경제적인 부분에서 엄청나게 잘 벌고 있진 않지만, 자연과 가까이 사는 데서 훨씬 그 충족감이 커요. 지역에서는 꼭 돈을 벌지 않아도 먹고 사는 방법이 많이 있는 것 같아요. 이런 삶이 언제까지 지속될지는 모르겠지만, (웃음) 현재는 같이 잘 나눠 먹고 최대한 자급자족하면서 삶의 부분들이 메워져 가는 것이 제게는 신기하고 소중한 경험이에요.

시골에 있어서 아쉬운 부분도 있나요?

상글: 아쉬운 부분이라면 운동을 게을리하게 된 거예요. 운동 커뮤니티를 지역에서 만날 수 없었던 게 조금 아쉽긴 하지만, 그건 등산으로 대체하기도 했어요. 천왕봉도 작년에 두세 번 다녀왔고요. (웃음)

동근: 저도 아쉬운 부분 한 가지가 더 생각났어요. 얼마 전에 순천에서 교육 담당 선생님과 이제 순천 생활을 정리하고 구례로 넘어갈 거라고 얘기했거든요. 그러고 나서 순천 사람 대상으로 작성하는 서류가 있었는데, 제 차례에 그분이 서류를 쓱 가져가는 거예요. 그래서 제가 "제 이름도 넣으면 좋은 거 아니에요?" 했더니 "구례로 가신다면서요" 하는 거예요. (웃음) 아직 주소지 순천이라고 해서 결국 쓰긴 했어요. (웃음) 이런 게 지역 정서구나 생각했는데 사실 이게 서울에도 없다고 생각하지는 않거든요. 강남, 강북 이런 것처럼요. 어렸을 때 그런 걸 너무 싫어했어요. 내가 사는 동네가 짱이고, 너무 좋고, 그래서 다른 동네 무시하는 거요. 근데 지역에서는 그게 확실히 피부로 느껴지는 것 같아요. 처음에 여기 내려왔을 때도 가장 큰 고민은 다른 사람이 저를 '이동근'으로 보는 게 아니라 '넥스트젠 덩어리의 한 명'으로 보는 시선이었거든요. 그걸 벗어나는 게 힘들었고 여전히 힘들어요.

그리고 타지인으로 보는 시선도 어렵죠. 이미 대안 활동한다는 사람들 안에서도 지역 안에선 어떤 획일적인 문화가 있는 거예요. 한두 해 살다 보니 이 사람을 어떻게 대해야 관계가 편할지 패턴이 보이기 시작하는 거죠. 그런 게 너무 싫어요. 그러면서 다양성에 대해서 좀 더 근원적인 질문을 던지게 되는 것 같아요.

상글: 지역엔 다양성이라는 것이 더 결핍되어 있으니까…

동근: 다양성이 잘 보존되고 유지되는 커뮤니티는 어떤 모습일지 생각했을 때, 어쨌든 커뮤니티라는 건 비슷한 철학이나 가치를 함께 공유한다는 거잖아요. 그런데 이 마을만 해도 사람들이 얼마나 다양해요. 서울에서 지낼 때는 '이게 그냥 다양성 아니겠어? (끄덕)' 이런 느낌이었다면 지역에서는 다양성에 대해서 좀 더 고민하게 되는 것 같아요.

상글: 다양성이 잘 유지된다는 건 항상 같은 선에 똑같이 있는 게 아니라 계속 고군분투하면서 맞춰지는 것 같아요. 계속 오르락내리락하는 형태인데, 그걸 아주 멀리서 보면 일직선으로 잘 가는 것처럼 보이잖아요. 어렵네요. 사실은 내집단 편향이 본능인 것처럼 양극단이 모두 존재할 수밖에 없는 것 같기도 해요.

우리 사회가 장기적으로 희망적인 방향으로 간다고 느껴지세요?

동근: …… 이건 또 다른 이야기인데요? (웃음)

상글: 나는 긍정적인 편인데, 음… 요즘은 너무 어려운 사회라서 잘 모르겠어요. 그런데 나라는 사람 한 명이 잘 살아보려고 노력하고 있다는 것만으로도 사회가 희망적으로 이미 가고 있는

거 아닐까요? … 낙천적인 에니어그램 7번 유형다재다능 낙천가형이라서. (웃음)

동근: 저는 4번개인주의 예술가형. (웃음) 제 답은 뭔지 아시겠죠?

동근님은 그런데도 넥스트젠 활동을 하고 계시잖아요. 동근님의 활동과 부정적인 전망 사이의 거리감은 어떻게 설명할 수 있나요? (웃음)

동근: 선택지가 없다는 느낌도 있어요. 그래도 이건 해야 하는 일이고 필요한 일이죠. 저의 과제는 외부에서 의미를 주워 담고 찾는 게 아니라, 활동 안에서 내재된 의미나 즐거움을 찾아가는 거예요. 이런 활동에 대한 필요성이나 가치는 의문을 던질 만한 일은 아닌 것 같다는 생각도 들어요.

그러니까, 상글이 말했던 것처럼, 이런 활동을 어떻게 지속가능하게 해나갈 것인지에 대한 질문이 가장 커요. 물론 세상을 바라보는 시선은 비관적이고, (웃음) 답은 없는 것 같지만 (웃음) 인류 역사 이래 같은 문제들이 제각기 다른 모습을 하고서, 똑같은 패턴으로 반복되어왔다고 느껴지거든요. 신기한 건, 그런 반복에도 불구하고 이걸 어떻게든 해보겠다고 애쓰면서 살아가는 사람들도 계속 있었던 거예요. 그런 걸 봤을 때, 우리 안에서 공동체성이나 좀 더 조화로운 삶에 대한 본능이 깨어날 수 있다면 조금씩은 바뀔 수 있지 않을까. 영성에 더 관심 두는 것도 이런 단위에서 전환이 일어나야만 우리가 다 같이 변할 수 있겠다는 생각 때문인 것 같아요. 즐겁게 하고 싶어요.

요즘 고민이나 가장 크게 가지고 있는 화두는 어떤 거예요?

상글: 구례에서 기반을 가지고 싶은 마음이에요. 여기에서 내가 즐거워하는 걸 어떻게 찾을 수 있을까 많이 생각해요. 지난 한 해 동안 텃밭에서 아이들 만나는 시간이 꽤 즐거웠고 보람도 느낀 터라 이런 활동을 지속해 가고 싶은데 어떻게 하면 좋을지 고민하고 있어요. 우리의 가치관을 즐겁게 실천하는 방법이 뭐가 있는지 배우면서 아이들과 같이 나누고 싶어요. 내년에는 텃밭 밖으로 나가서 자연과 교감하는 방법이라든지, 숲에서 아이들을 만나는 활동으로 더 확장하고 싶은데 나는 거기서 어떤 역할을 할 수 있을지 기대되기도 하고 배우고 싶기도 해요.

그리고 반려견 '봄이'와 제가 안전하게 살아갈 수 있는 삶을 만들어가고 싶어요. 지난해에 봄이랑 같이 '지리산방랑단'을 다니면서 봄이에게 너무 안전하지 못한 사회망을 경험시켜줬어요. 또 '나'라는 존재가 봄이와 잘 연결되지 못하면서 생긴 결핍과 어려움이 계속 쌓여 있었고요. 요즘에는 조금씩 해결되어가고 있는 것 같아요. 내년에는 더 많이 배울 수 있는 해였으면 좋겠어요. 내년엔 좀 더 나은 삶이 되었으면 좋겠네요.

동근: 저는 진로 탐색. (웃음) 지금도 제가 뭘 잘하고 좋아하는지 잘 몰라요. 정말 많은 일을 했고 많은 곳을 다녔는데도 순수한 즐거움을 느꼈던 순간들은 아련한 추억으로 몇 군데 남아있고, 항상 제 속에서는 치열하고 힘들었던 것 같아요. 그건 제 안에 명료함이 없어서인 것 같은데, 이제는 이런 것들을 정리하고 정말 나답게, 즐겁게 할 수 있는 것을 찾고 싶다는 게 요새 가장 큰 화두예요. 그게 일이 아니더라도요. 그래서 지금까지의 삶을 정리해보려고 글로 적기도 하고, 나름대로 시도해보고 있는데 이건 아마 죽을 때까지 안 될 수도 있겠죠? 커뮤니티 생활을 해보려고 순천으로 내려온 건데 그 활동을 정리하게 되면서 생각보다 그 여파가 있더라고요. 이 과정을 허우적거리면서 흘려보내고 싶지 않고 배움의 기회로 잘 가져가고 싶은 마음이에요.

그리고 내가 할 수 있는 책임을 끝까지 다하고 나서, 잘 마무리하고 잘 넘겨주는 것도 저에게 큰 화두인 것 같아요. 책임을 다한다는 게 일에 대해서 무조건 시작부터 끝까지 다 해내는 것만을 말하는 게 아니라 내가 할 수 있는 선에서 최대한 마무리를 잘 해내고 그게 잘 이어질 수 있도록 자리를 내어주는 것도 우리가 살아가는 데 있어서 중요한 일이라는 걸 많이 배우고 있어요.

상글: 진로 탐색 얘기하니까 엊그제 동근이랑 이야기한 게 생각나네요. 작년 산내 살이를 돌아보니, 산내 오기 전에 궁금했던 '내가 어떻게 살아야 대안적인 방법이지?', '사람들은 어떻게 살고

있지?' 같은 질문을 많이 해소할 수 있던 시간이었어요. 그런 방법들을 여기저기서 알음알음 많이 알게 됐고, '지리산게더링'을 통해서 실험적인 삶도 겪어봤고요. '지리산방랑단'에서 또 다른 방식으로 삶을 겪어보기도 했어요. 그 과정에서 봄이가 찾아왔고, 새로운 관계도 꾸려가야 했어요. 여러 가지 변화들이 너무 많았던 시간이었던 것 같아요.

구례에 오고 나선 나만의 공간이 생겼고 이 안에서 삶을 꾸려갈 수 있는 주체가 되었는데, 여기에선 내가 오롯이, 또 동근과 함께 '어떤 선택을 하면서 살아갈 것인지' 같은 질문을 종종 마주하거든요. 그때 생각한 게, 과거에 경험했던 많은 방법은 나에게 맞는 옷이었는지 아닌지를 정확히 모르고 지냈던 것 같아요. 많은 친구와 함께하다 보니 나는 그 사람이 아닌데 그 친구처럼 말하고 행동했던 적이 많았단 걸 알았어요. 그 작은 공동체 안에서 배운 옷의 색깔이 많았던 거죠. 이제는 진짜 내 옷이 어떤 건지 더 탐색해 보고 찾아내야 하는 시기인 것 같아요. 산내에서 배웠던 것 중에 잘 선택해서 나만의 방식으로 내 삶에 녹여내는 방법을 찾는 시간을 보내야 하지 않을까라고 이야기했었어요.

두 사람은 스스로가 어떤 사람인지, 어떤 성향인지를 발견하는 경험은 꽤 있지 않았을까 하는데, 아직 정립이 잘 안 되는 부분이 있었나 봐요.

동근: 살면서 다른 사람들에게서 항상 마주했던 질문은 "네

가 뭘 하는지, 무슨 활동을 하는지 잘 모르겠다. 그러니까, 느낌은 알겠는데 정확하게는 모르겠다" 이거였어요.

상글: (웃음) 부모님이 자주 하시는 말이네요.

동근: 그들에게는 요리사, 화가, 활동가. 이런 또렷한 직업이 아니면 설명하기가 어려운 거예요. 그래서 이력서 쓰기가 세상에서 제일 어렵거든요. 내가 어떤 활동을 하고 있고 왜 하고 있는지 설명하라고 하면 할 수 있는데, 딱딱 떨어지게 이야기하긴 어려워요. 아니, 그래서 내가 이 사회랑 안 맞는 건가? (웃음) 이 세상에 맞춰서 살아가려면 그런 정립이 필요하다는 생각이 요즘 많이 들어요. 승현님이 말한 대로 그동안 살면서 내가 뭘 좋아하는지, 어떨 때 편안하고 안전한지를 느꼈던 순간들이 분명히 있었을 건데, 그걸 다시 한번 끄집어내서 찾아봐야겠다는 생각도 많이 들었어요. 나를 브랜딩 하는 단어, 표현들을 찾아야 하는 거죠.

마지막 질문입니다. 활동에서 원동력은 어디서 얻으세요? 그 활동에서 본인만의 장점이 있나요?

상글: 원동력은 항상 사람들이었던 것 같아요. 원하는 가치관을 향해서 갈 때, 혼자서는 갈 용기나 힘이 잘 안 나다가도 주변에 사람들이 있으면 거기서 어마어마한 시너지나 저도 몰랐던 원동력이 나오기 시작해요. 사람들과 같이 뭔가를 쫓다 보면 어느샌가 새로운 걸 배우고 이루어내기도 하고요. 저는 혼자서 이뤘다기

보다는 늘 사람 혹은 다른 존재들과 같이 만들어내면서 기쁨과 성취감을 느꼈던 것 같아요. 과거의 즐거웠던 순간들을 기억했을 때 나에게 가장 뜨겁게 다가오는 건 타인의 공감이나 감정의 연결에서 오는 감동이에요. 그래서 사람을 찾아서 가고 싶은 열망이 있는 것 같아요. 구례에서 앞으로 내가 하고 싶은 활동이나 삶을 그릴 때도 사람들과 같이 만들어가고 그런 공동체 안에서 함께 살고 싶은 그림이 연상되네요.

동근: 저는 지금이 과도기에요. 상글처럼 저도 평생을 사람들과 함께할 때 가장 큰 힘이 나오고, 그게 저한테도 자연스럽다 느꼈었는데 동시에 관심 없는 사람한테는 정말 냉정한 모습이 보이는 거예요. 요즘은 사실, 관계가 늘어나는 게 부담스럽고 피곤하거든요.

또 하나는 지금까지 중요하고 필요하다고 생각해서 해왔던 활동이 곧 제 동력이었는데 최근에는 더 이상 그렇게 살고 싶지 않다고 마음먹었어요. 내가 하고 싶고, 즐겁고, 어떤 의미를 느껴서 하고 싶지, 그 퍼즐의 의미를 맞추기 위해서, 이게 필요한 일이니까 하는 건 이제는 하고 싶지 않다고 나름대로 마음의 결정을 내렸어요. 그런데 이건 오랜 기간 저에게 세팅된 성향이라, 치열한 변화과정을 겪고 있는 와중이어서 원동력이 뭐냐고 했을 때는 사실 잘 모르겠어요.

그럼에도 결국엔 '사람'이고 '관계'일 수밖에 없는 것 같기도 하고요. 저에게는 행사의 첫 장을 열고 사람들을 환대하는 역할이 자연스럽고 잘 맞는다는 걸 최근에서야 조금씩 알아가고 있거든요. 그건 사람과 관계에 대한 이야기잖아요. 거기서 그 이후에 지속해 나갈 힘을 얻는 것 같아요.

상글: '원동력'이라는 단어에서 잘 연상이 안 되는 것 같아요. 사실 너무 많은 것들이 원동력이니까…

동근: 상글의 구례 생활의 가장 큰 원동력 중 하나는 곶감이죠. (웃음) 곶감을 만드는 데 얼마나 많은 에너지를 쓰는데요.

상글: 아침에도 산책하면서 "얘 지금 깎아도 되겠네"하고 감 만져봐요. (웃음)

곶감은 정말 시골살이의 행복 중 하나죠. (웃음) 얘길 듣다 보니 두 사람이 어느새 해외로 훅하고 떠날 것 같다는 생각도 들어요. 구례에서 세 식구가 안정되고 행복하게 자리 잡았으면 좋겠어요.

어디에나 우리가1

초판1쇄 2022년 5월 15일
지 은 이 이승현
펴 낸 곳 하모니북

출판등록 2018년 5월 2일 제 2018-0000-68호
이 메 일 harmony.book1@gmail.com
전화번호 02-2671-5663
팩 스 02-2671-5662

979-11-6747-047-8 03980

값 17,000원

이 도서의 국립중앙도서관 출판예정도서목록(CIP)은 서지정보유통지원시스템 홈페이지(http://seoji.nl.go.kr)와 국가자료공동목록시스템(http://www.nl.go.kr/kolisnet)에서 이용하실 수 있습니다.